2025年春受験用

国立高等専門学校

数学
Mathematics

2019年～2010年
の入試問題を収録

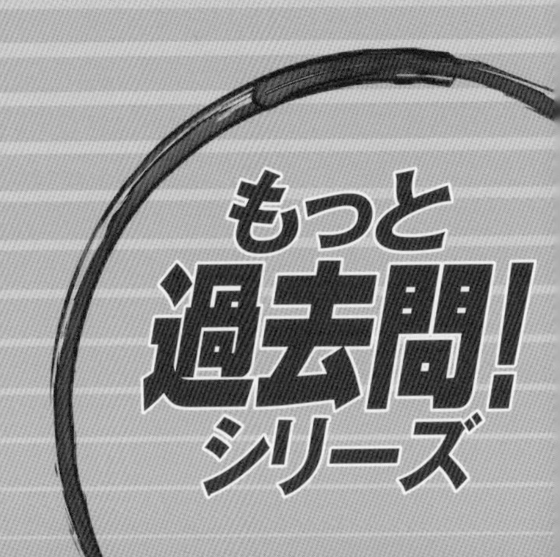

ウェブ付録について

教英出版ウェブサイトで，2019 年～ 2015 年の５年分の出題傾向がわかる国立高専「入学試験データ解析」を見ることができます。過去の出題内容を知り，受験対策としてお役立てください。
教英出版ウェブサイトの「ご購入者様のページ」で「書籍 ID 番号」を入力してご利用ください。ウェブ付録は無料で見ることができます。

書籍ＩＤ番号　189097 

2025 年 9 月末まで有効

教英出版ウェブサイトの
「ご購入者様のページ」はこちら

(https://kyoei-syuppan.net/user/)

国立高専
過去10年分　入試問題集

数　学

（問題は各年度、50分で行ってください。）

目　次

（キリトリ線に沿って、切り取ってお使いください。）

1 次の各問いに答えなさい。

(1) $\frac{2}{3} \div \left(-\frac{4}{9}\right) + (-2)^2 \times \frac{1}{5}$ を計算すると $\frac{\boxed{アイ}}{\boxed{ウエ}}$ である。

(2) $\frac{1}{\sqrt{75}} \times \frac{\sqrt{45}}{2} \div \sqrt{\frac{3}{20}}$ を計算すると $\boxed{オ}$ である。

(3) 2次方程式 $x^2 - 3x - 1 = 0$ を解くと $x = \frac{\boxed{カ} \pm \sqrt{\boxed{キク}}}{\boxed{ケ}}$ である。

(4) y は x に反比例し，$x = 2$ のとき $y = 9$ である。このとき，x の値が2から6まで増加するときの変化の割合は $\frac{\boxed{コサ}}{\boxed{シ}}$ である。

(5) 50円硬貨3枚と100円硬貨2枚がある。この5枚の硬貨を同時に投げるとき，表が出た硬貨の合計金額が150円となる確率は $\frac{\boxed{ス}}{\boxed{セソ}}$ である。ただし，これらの硬貨を投げるとき，それぞれの硬貨は表か裏のどちらかが出るものとし，どちらが出ることも同様に確からしいものとする。

(6) 下の表は生徒10人が最近1か月に読んだ本の冊数を示したものである。この10人が読んだ本の冊数の平均値は $\boxed{タ}.\boxed{チ}$ 冊であり，中央値（メジアン）は $\boxed{ツ}$ 冊である。

生　徒	A	B	C	D	E	F	G	H	I	J
冊数(冊)	1	0	2	10	8	6	1	5	9	3

［ 計 算 用 紙 ］

(7) 右の図のように，円 O の周上に 5 点 A, B, C, D, E をとる。線分 AC は円 O の直径であり，$\overset{\frown}{BC} = \overset{\frown}{CD} = \overset{\frown}{DE}$，$\angle BAC = 15°$ である。線分 AC と BE の交点を F とするとき，$\angle AFE =$ テト °である。

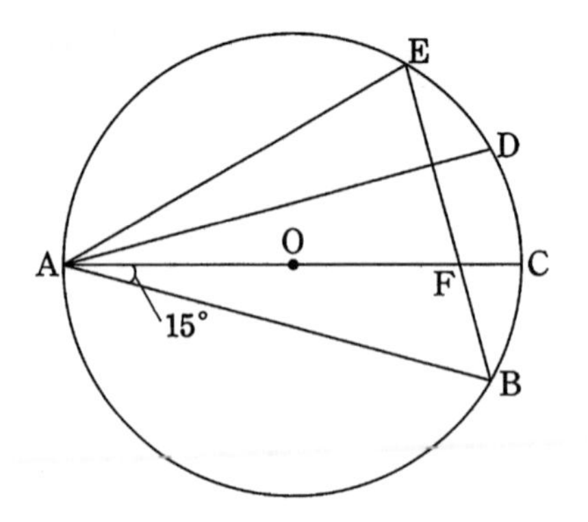

(8) 右の図のように，平行四辺形 ABCD の辺 AD 上に AE：ED = 2：1 となる点 E をとり，辺 AB 上に AF：FB = 1：2 となる点 F をとる。線分 BE と CF の交点を G とするとき，FG：GC を最も簡単な自然数の比で表すと ナ ： ニ である。

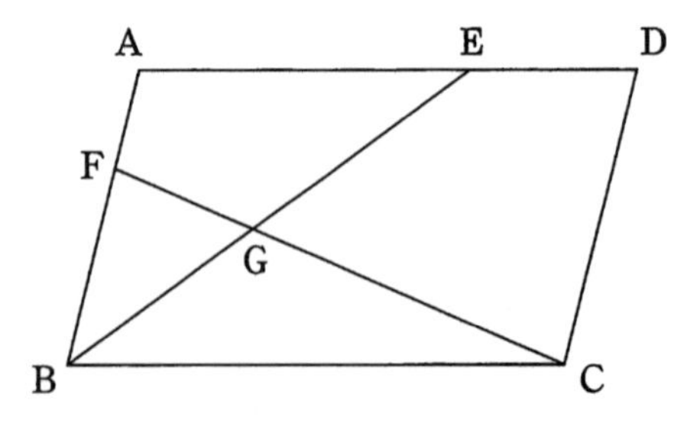

[計 算 用 紙]

2 底面の１辺が５mm の正六角柱の鉛筆を，**写真１**，**写真２**のように束ね，床においた。このとき，次の各問いに答えなさい。

写真１

写真２

(1) 鉛筆を**写真１**のように束ねる。**図１**は，鉛筆を１周目として，１本のまわりに隙間(すき)なく束ね，続けて２周目として，１周目のまわりに隙間なく束ねたものを，鉛筆の六角形の面の方からみた図である。

図１

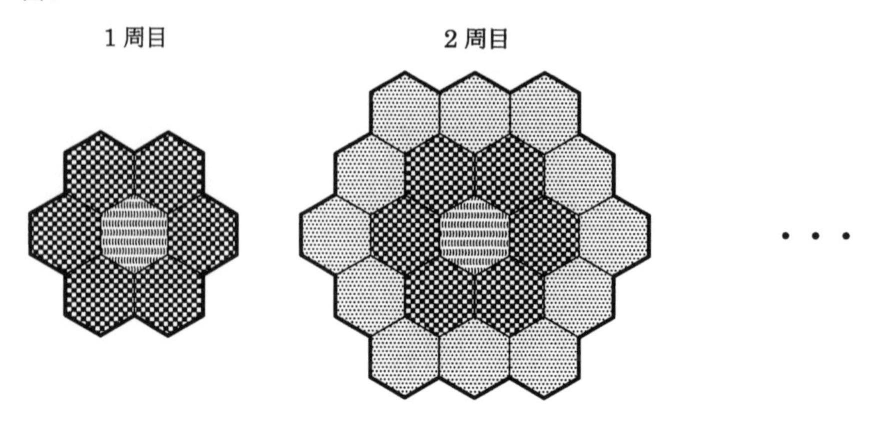

これを続けて６周目を作って束ねたとき，一番外側の鉛筆の本数は アイ 本である。また，このとき，一番外側の辺の長さの合計（図１の太線部分）は ウエオ mm である。

(2) 鉛筆を**写真**2のように束ねる。**図**2は，床に接する鉛筆が2本で，2段の鉛筆を束ね，続けて床に接する鉛筆が4本で，4段の鉛筆を束ねたものを，鉛筆の六角形の面の方からみた図である。

図2

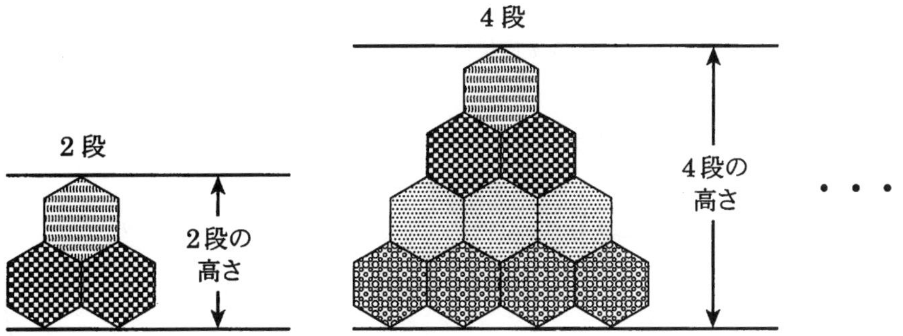

2段

2段の高さ

4段

4段の高さ

・・・

床に接する鉛筆が$2n$本で，$2n$段の鉛筆を束ねたとき，この束の高さは，nを用いて表すと

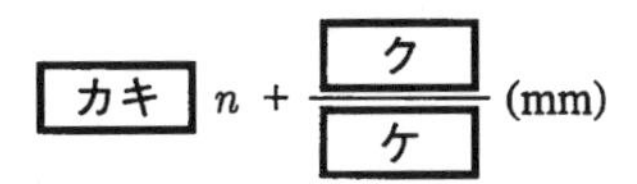

である。また，束の高さが182.5 mmのとき，床に接する鉛筆は コサ 本である。

3 下の図1のように，関数 $y=ax^2$ のグラフと関数 $y=mx+n$ のグラフが2点A, Bで交わっていて，次の3つの条件を満たしている。

① 関数 $y=ax^2$ について，x の変域が $-\frac{1}{3} \leqq x \leqq 1$ のとき，y の変域は $0 \leqq y \leqq 3$ である。

② 点Aの x 座標は1，点Bの x 座標は $-\frac{1}{3}$ である。

③ 点Pは関数 $y=ax^2$ のグラフ上にあり，原点Oと点Aの間を動く。

図1

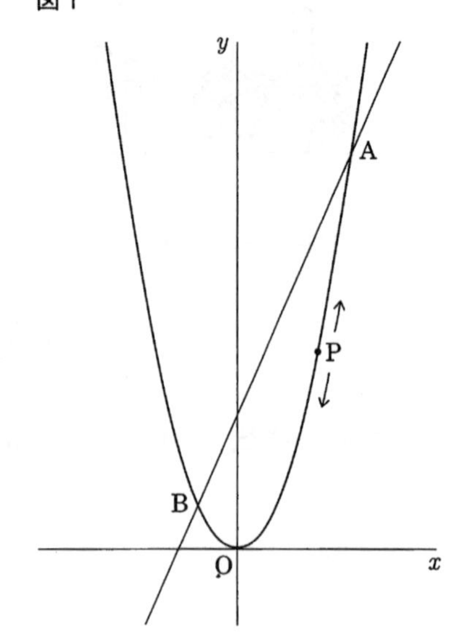

このとき，次の各問いに答えなさい。

(1) a の値は［ア］である。

(2) m の値は［イ］，n の値は［ウ］である。

(3) 右の図2のように，点Pを通り，x 軸に平行な直線と関数 $y=ax^2$ のグラフの交点をSとする。点Pの x 座標が $\frac{1}{2}$ のとき，直線ABと直線OSの交点の座標は $\left(\frac{［エオ］}{［カ］}, \frac{［キ］}{［ク］}\right)$ である。

図2

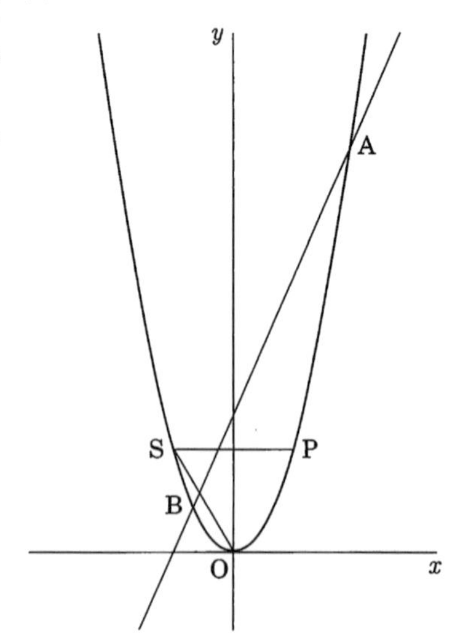

(4) 下の図3のように，点Pを通り，y 軸に平行な直線と直線ABの交点をQとし，点Pを通り，x 軸に平行な直線と関数 $y = ax^2$ のグラフの交点をSとする。また，四角形PQRSが長方形となるように点Rをとる。

図3

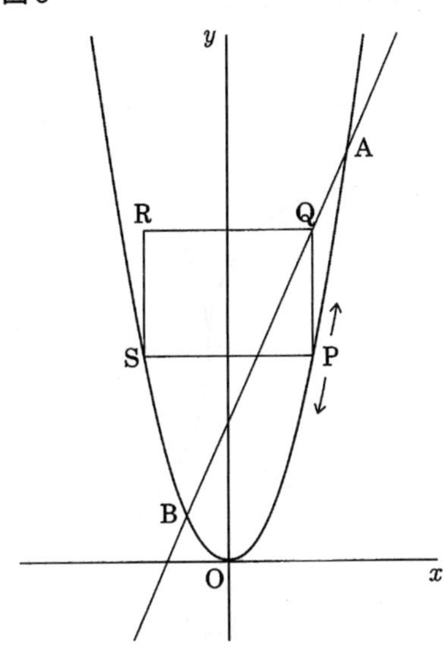

このとき，次の(i)，(ii)に答えなさい。

(i) 四角形PQRSの面積が，直線ABで二等分されているとき，四角形PQRSの面積は $\dfrac{\boxed{ケ}}{\boxed{コ}}$ である。

(ii) 四角形PQRSが正方形のとき，点Pの x 座標は $\dfrac{\sqrt{\boxed{サ}}}{\boxed{シ}}$ である。

4 下の図1は，横の長さが $17\sqrt{5}$ cm の長方形の紙にぴったり入っている円錐(すい)Aの展開図であり，底面の中心とおうぎ形の中心を結ぶ直線は，円錐Aの展開図の対称の軸である。図2は，球Oに円錐Aがぴったり入っている様子を表した見取図であり，図3は，円錐Aに球O′がぴったり入っている様子を表した見取図である。図4は，図2と図3を合わせたものである。

図1

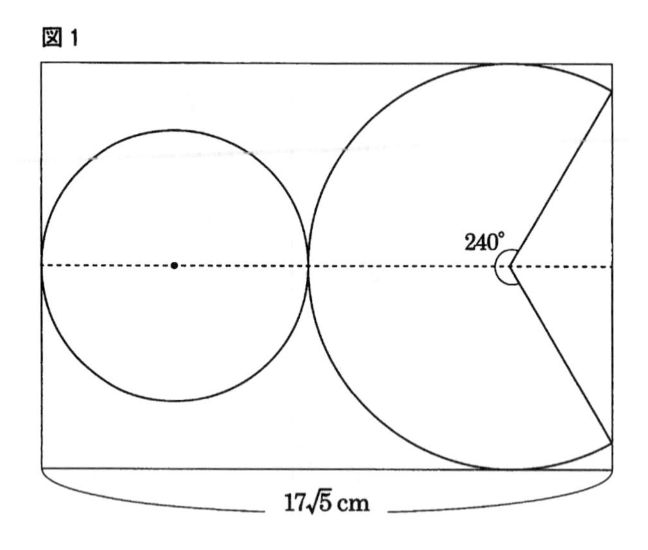

図2

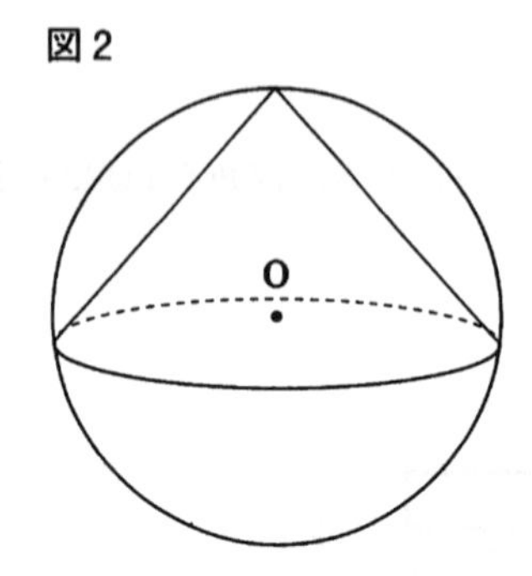

図3

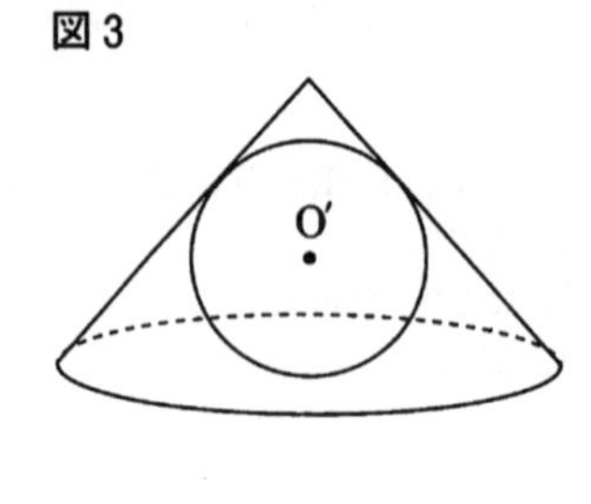

図4

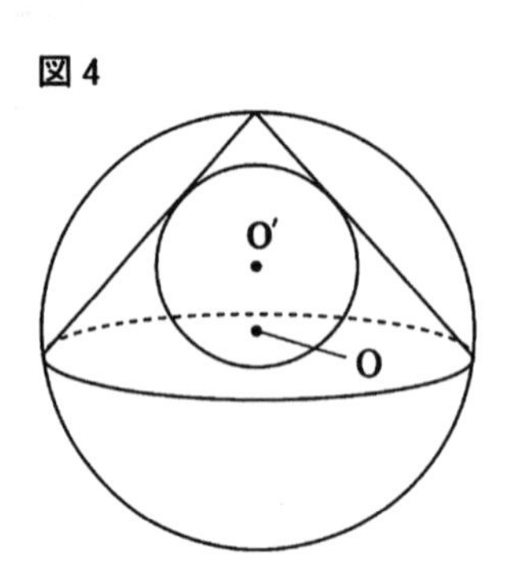

このとき，次の各問いに答えなさい。

(1) 円錐 A の底面の半径は [ア] $\sqrt{[イ]}$ cm である。

(2) 円錐 A の高さは [ウエ] cm である。

(3) 球 O の半径は [オ] cm である。

(4) 円錐 A の体積を V，球 O′ の体積を W として $V:W$ を最も簡単な自然数の比で表すと [カキ] : [ク] である。

(5) 球 O の中心と球 O′ の中心の間の距離は [ケ] cm である。

1 次の各問いに答えなさい。

(1) $-2^2-\frac{4}{3}\div\left(-\frac{2}{3}\right)^2$ を計算すると アイ である。

(2) $\frac{10}{\sqrt{5}}-\frac{\sqrt{20}}{3}$ を計算すると $\frac{ウ\sqrt{エ}}{オ}$ である。

(3) $x=\sqrt{7}-\sqrt{2}$，$y=3-2\sqrt{2}$ のとき，$x^2-xy+3x$ の値は カ である。

(4) 2つの関数 $y=ax^2$，$y=\frac{12}{x}$ について，x の値が2から4まで増加するときの変化の割合が等しいとき，a の値は $\frac{キク}{ケ}$ である。

(5) 関数 $y=-2x+a$ について，x の変域が $-1\leqq x\leqq 4$ のとき，y の変域は $b\leqq y\leqq 5$ である。このとき，a の値は コ であり，b の値は サシ である。

(6) 1から6までの目の出る大小2つのさいころを同時に投げるとき，大きいさいころの出る目を x，小さいさいころの出る目を y とする。このとき，$\frac{y}{x}$ が整数となる確率は $\frac{ス}{セソ}$ である。ただし，2つのさいころは，どの目が出ることも同様に確からしいものとする。

(7) 右の表は，ある学級の25人の生徒について，1分間あたりの脈拍数を，度数分布表に表したものである。このとき，1分間あたりの脈拍数が75回以上の生徒は タ 人いる。また，60回以上65回未満の階級の相対度数は チ．ツテ である。

脈拍数(回) 以上　未満	度数(人)
50 ～ 55	1
55 ～ 60	2
60 ～ 65	4
65 ～ 70	7
70 ～ 75	6
75 ～ 80	3
80 ～ 85	1
85 ～ 90	1
合計	25

[計 算 用 紙]

(8) 右の図のA，B，C，D，Eは円Oの周上の点で，線分BEは，円Oの中心を通っている。

$\angle BCD = 142°$のとき，$\angle DAE =$ トナ °である。

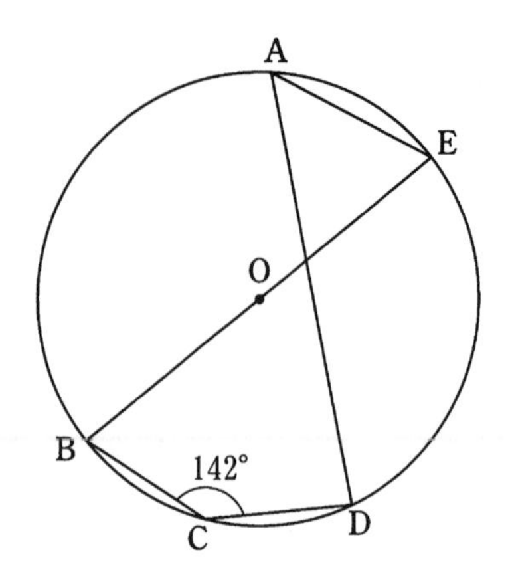

(9) 右の図で3点B，C，Eは一直線上にあり，△ABCと△DCEは，相似比が6：5の相似な三角形である。また，4点B，F，G，Hは一直線上にあり，AB＝AC＝12 cm，AF＝9 cm である。このとき，△ABFの面積をS，△DGHの面積をTとして$S:T$を最も簡単な自然数の比で表すと

ニ ： ヌ である。

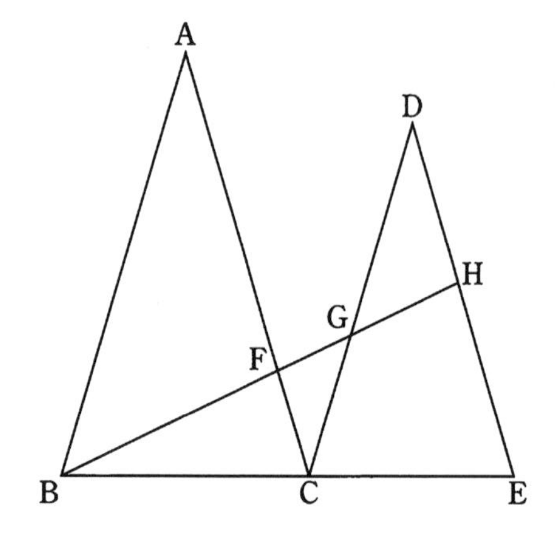

(10) 右の図の台形ABCDにおいて，AB＝6 cm，AD＝2 cm，BC＝5 cm である。このとき，台形ABCDを直線ABを軸として1回転させてできる立体の体積は ネノ π cm^3 である。

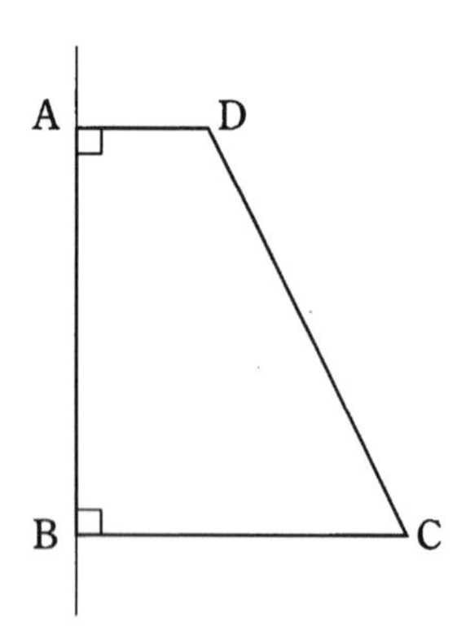

[計 算 用 紙]

2 次の各問いに答えなさい。

(1) 下の図のように奇数を正方形状に並べる。

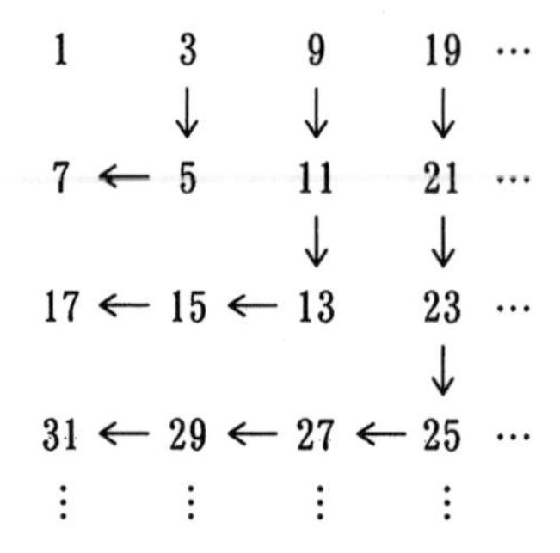

このとき，対角線上に並んだ数の列 1，5，13，25，・・・ は，次のように 2 つの整数の 2 乗の和で表すことができる。

$$1 = 1^2 + 0^2$$
$$5 = \boxed{ア}^2 + 1^2$$
$$13 = \boxed{イ}^2 + \boxed{ア}^2$$
$$25 = \boxed{ウ}^2 + \boxed{イ}^2$$
$$\vdots$$

数の列 1，5，13，25，・・・ において，7 番目の数は $\boxed{エオ}$ であり，221 は $\boxed{カキ}$ 番目の数である。

(2) (1)の図のように奇数を並べていき，縦と横の数の個数がそれぞれ n となるまで並べる。

このとき，

(i) 一番大きい数

(ii) 四すみの数の和

を考える。ただし，n は2以上の整数とする。

たとえば，$n=2$，3，4のとき，

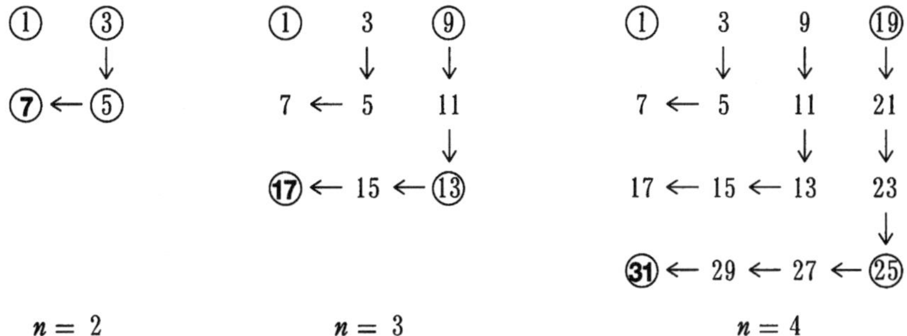

となるので，

$n=2$ のとき，一番大きい数は7，四すみの数の和は $1+3+5+7=16$，

$n=3$ のとき，一番大きい数は17，四すみの数の和は $1+9+13+17=40$，

$n=4$ のとき，一番大きい数は31，四すみの数の和は $1+19+25+31=76$，

である。

$n=6$ のとき，一番大きい数は **クケ** である。また，四すみの数の和が544となるのは，$n=$ **コサ** のときである。

3 図1のように，半径の等しい2円O，O′が2点A，Bで交わっている。
線分AD，CEは円Oの直径で，AB // CEとする。

図1

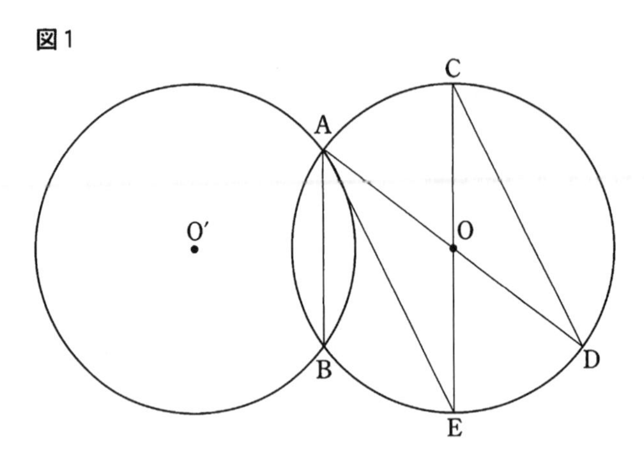

このとき，次の各問いに答えなさい。

(1) AE // CDであることを，次のように証明した。［ア］から［オ］に当てはまるものを，下のⓐからⓚまでの中から選びなさい。

【証明】

1つの弧に対する［ア］は等しいので，弧DEにおいて

∠DCE = ［イ］ ···①

また，△OAEは二等辺三角形であるから，その［ウ］は等しいので

［イ］ = ［エ］ ···②

①，②より

∠DCE = ［エ］

したがって，［オ］が等しいので，AE // CDである。

［証明終わり］

ⓐ 対頂角	ⓑ 同位角	ⓒ 錯角	ⓓ 頂角	ⓔ 底角	ⓕ 円周角
ⓖ ∠DCA	ⓗ ∠DOE	ⓘ ∠CEA	ⓙ ∠AOE	ⓚ ∠DAE	

(2) **図 2** のように，線分 CA，DB を延長し，その交点を F とする。

図 2

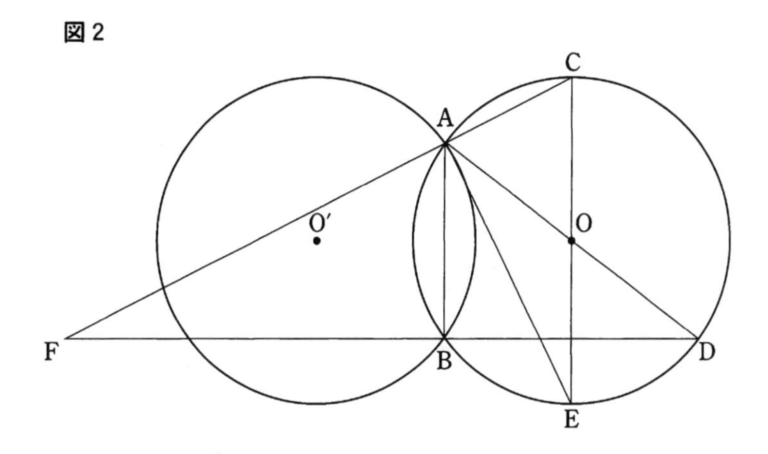

円 O，O′ の半径がともに 10 cm，OO′ = 16 cm であるとき，

AE = [カ] $\sqrt{[キ]}$ cm

CF = [クケ] $\sqrt{[コ]}$ cm

である。

また，△AFD の面積は [サシス] cm^2 である。

4 走行中の自動車がブレーキをかけ，実際に停止するまでの距離（停止距離）は，空走距離と制動距離の和として表される。空走距離，制動距離とは，それぞれ次のような距離である。

空走距離・・・ブレーキをかけようとしてからブレーキがききはじめるまでに自動車が進む距離
制動距離・・・ブレーキがききはじめてから自動車が停止するまでに進む距離

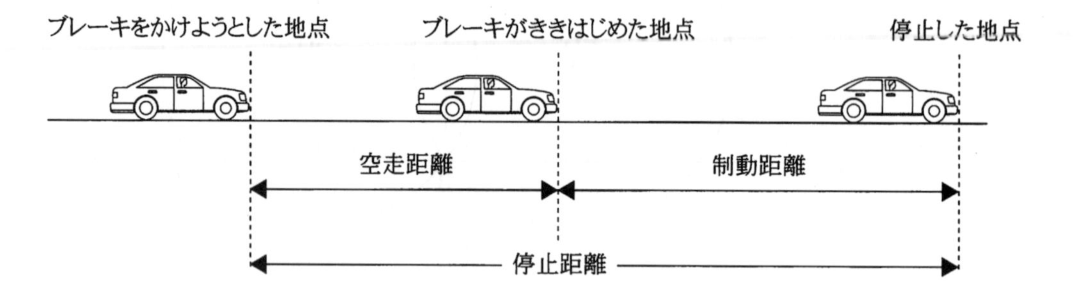

ブレーキをかけようとした地点における自動車の速さを時速 x kmとする。このとき，次のことが成り立つ。

・ブレーキをかけようとしてから，ブレーキがききはじめるまでの時間はつねに0.75秒であり，自動車の速さは，ブレーキがききはじめるまでは減速せず一定である。
・空走距離を y mとすると，y は x に比例する。
・制動距離を y mとすると，y は x の2乗に比例し，x と y の関係は，次のグラフで与えられる。

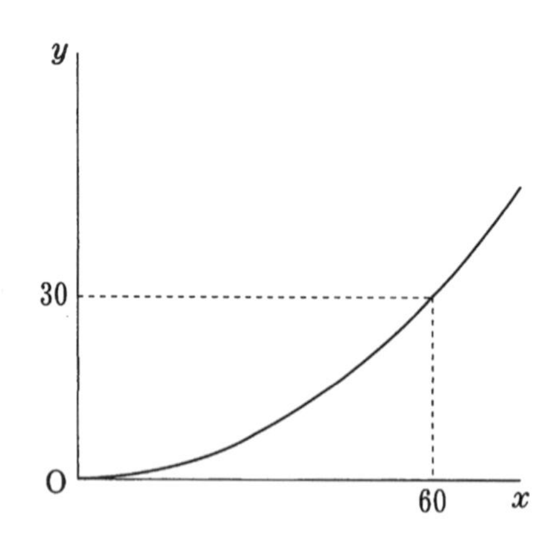

このとき，次の各問いに答えなさい。

(1) ブレーキをかけようとした地点における自動車の速さが時速 40 km のとき，

空走距離は $\dfrac{\boxed{アイ}}{\boxed{ウ}}$ m である。

(2) 空走距離を y mとするとき，x と y の関係は $y = \dfrac{\boxed{エ}}{\boxed{オカ}}x$ である。

(3) 制動距離を y mとするとき，x と y の関係は $y = \dfrac{\boxed{キ}}{\boxed{クケコ}}x^2$ である。

(4) ブレーキをかけようとした地点における自動車の速さが時速 30km のとき，

制動距離は $\boxed{サ}$.$\boxed{シ}$ m である。

(5) 停止距離が 3. 7m のとき，ブレーキをかけようとした地点における自動車の速さは

時速 $\boxed{スセ}$ km である。

1　次の各問いに答えなさい。

(1)　$-3^2 \div \left(-\frac{3}{5}\right) + 2^3 \times \frac{9}{6}$ を計算すると［アイ］である。

(2)　$12x^7 \div (2x)^2 \times x^3$ を計算すると［ウ］$x^{［エ］}$である。

(3)　$x = 1 + \sqrt{3}$ のとき，$x^2 + 3x + 2$ の値は［オ］＋［カ］$\sqrt{［キ］}$である。

(4)　2次方程式 $3x^2 - x - 5 = 0$ を解くと $x = \dfrac{［ク］ \pm \sqrt{［ケコ］}}{［サ］}$ である。

(5)　関数 $y = -\frac{3}{8}x^2$ で，x の値が2から6まで増加するときの変化の割合は［シス］である。

(6)　y は x に反比例し，$x = 3$ のとき $y = 2$ である。この関数において x の変域を $2 \leqq x \leqq 6$ とするとき，y の変域は［セ］$\leqq y \leqq$［ソ］である。

(7)　5本のくじの中に当たりくじが2本入っている。この中から1本を引き，引いたくじをもとにもどさず，さらに1本を引く。このとき，少なくとも1本の当たりくじを引く確率は $\dfrac{［タ］}{［チツ］}$ である。ただし，どのくじを引くことも，同様に確からしいものとする。

(8) 下の表は10人の生徒の10点満点の小テストの結果であり，B，Hの2人は欠席したため，下の表では空欄になっている。この2人には翌日に同じ小テストを行ったところ，10人の得点の平均値は6点であった。このとき，欠席した2人の得点の平均値は テ 点である。また，BはHよりも得点が低く，Bと同じ得点の人数が最も多かった。このとき，10人の得点の中央値は ト 点である。

生　徒	A	B	C	D	E	F	G	H	I	J
得　点	5		7	5	3	7	10		3	4

(9) 右の図のように，AB＝ACの二等辺三角形ABCの各頂点が円Oの周上にあり，点Bを含まない弧AC上に点Dを，∠CAD＝33°であるようにとったところ，∠ABD＝42°であった。このとき，ACとBDの交点をEとすると，∠AED＝ ナニ °である。

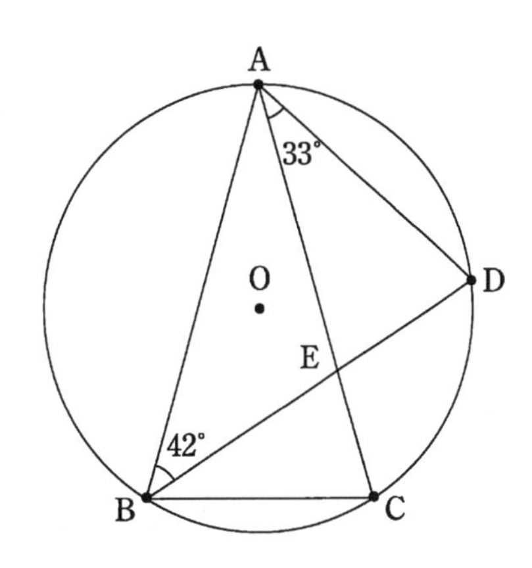

(10) 右の図のように，平行四辺形ABCDの辺AD上にAE：ED＝3：2となる点Eをとり，辺CD上にCF：FD＝1：2となる点Fをとる。また，線分BDと線分EFの交点をG，直線BCと直線EFの交点をHとする。このとき，△DEGの面積をS，△BHGの面積をTとして$S：T$を最も簡単な自然数の比で表すと ヌ ： ネ である。

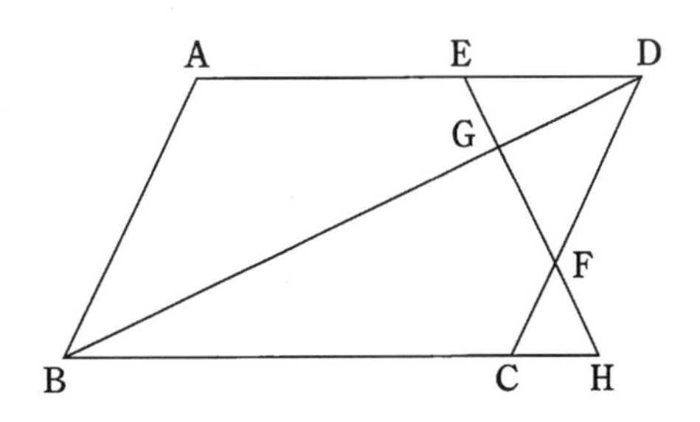

2 下の図のようなパソコンの画面上に，入力した数値が表示される場所(セル) [A] と，入力した数値をもとに，計算した値を表示する場所(セル) [P]，[Q]，[R] がある。入力した数値を x とすると，

[P] は ax^2-16 の値を表示し，

[Q] は $bx+c$ の値を表示し，

[R] は [P]，[Q] の値の和を表示する。

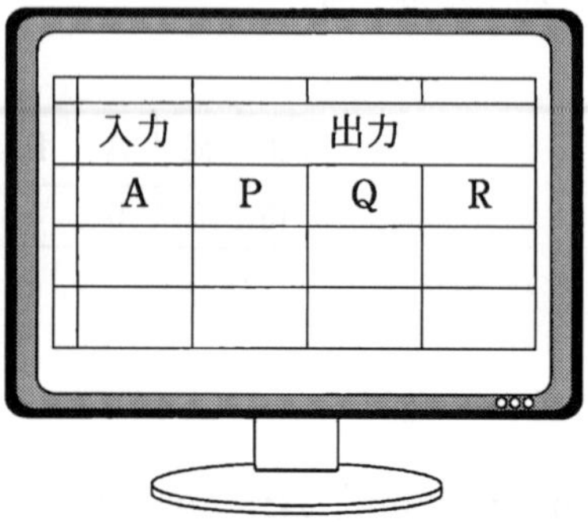

入力	出力		
A	P	Q	R

このとき，次の各問いに答えなさい。

(1) [A] に5が表示されているとき，[P] に34が表示された。

よって，$a=$ [ア] である。

(2) [A] に -3 が表示されているとき，[Q] に15が表示され，[A] に4が表示されているとき，[Q] に -6 が表示された。

よって，$b=$ [イウ]，$c=$ [エ] である。

(3) [R] に -8 が表示されているとき，[A] に表示されている数値は [オ] または $\dfrac{\boxed{カキ}}{\boxed{ク}}$ である。ただし，a，b，c は(1)，(2)で求めた値である。

3 下の図のように，関数 $y=\frac{1}{4}x^2$ のグラフ上に2点 A，B がある。A，B の x 座標がそれぞれ -6，4であるとき，次の各問いに答えなさい。

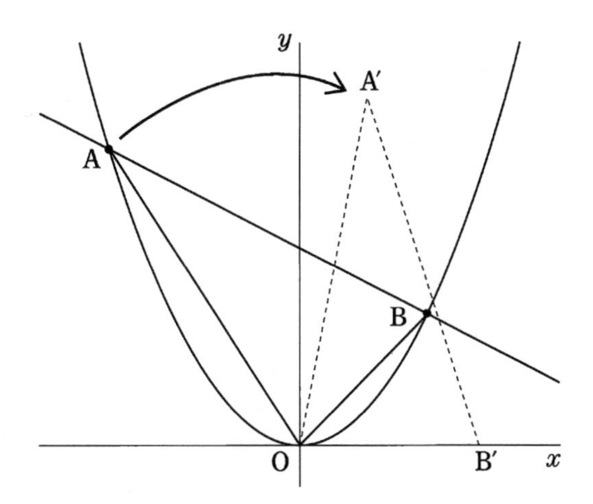

(1) 直線ABの式は $y=\dfrac{\boxed{アイ}}{\boxed{ウ}}x+\boxed{エ}$ である。

(2) △AOBの面積は $\boxed{オカ}$ である。

(3) △AOBを原点Oを回転の中心として，時計の針の回転と同じ向きに，点Bが初めて x 軸上にくるまで回転移動させる。この移動によって，図のように点BがB′に，点AがA′にきたとき，A′の座標は $\left(\dfrac{\boxed{キ}\sqrt{\boxed{ク}}}{\boxed{ケ}},\ \dfrac{\boxed{コサ}\sqrt{\boxed{シ}}}{\boxed{ス}}\right)$ である。

4 図1のように，1辺の長さが2cmの立方体ABCD-EFGHがある。**図2**のように，この立方体の4つの頂点A，C，F，Hを結んでできる正四面体ACFHを考える。**図3**は，この正四面体ACFHを取り出したものである。**図4**は，**図3**と同じ大きさの正四面体を4つ用いて，頂点と頂点が重なるように積み上げたものであり，重なった頂点を図のようにP，Q，R，S，T，Uとする。

図1

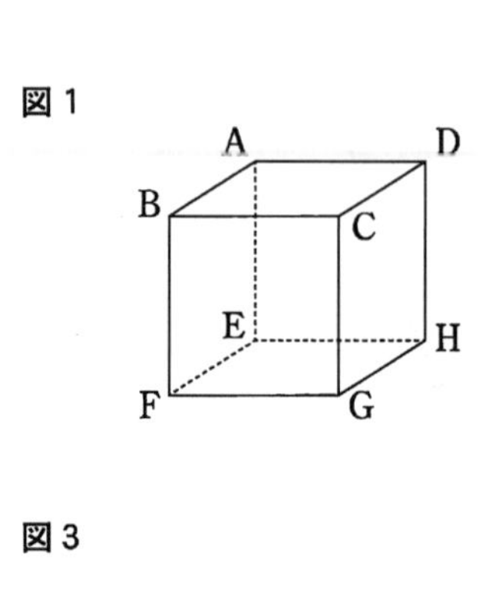

図2

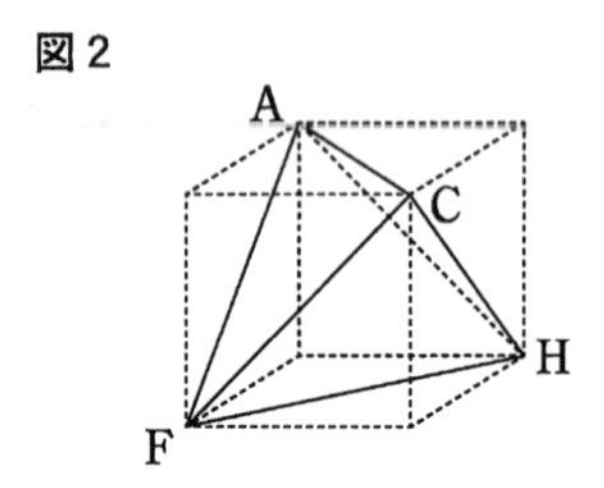

図3

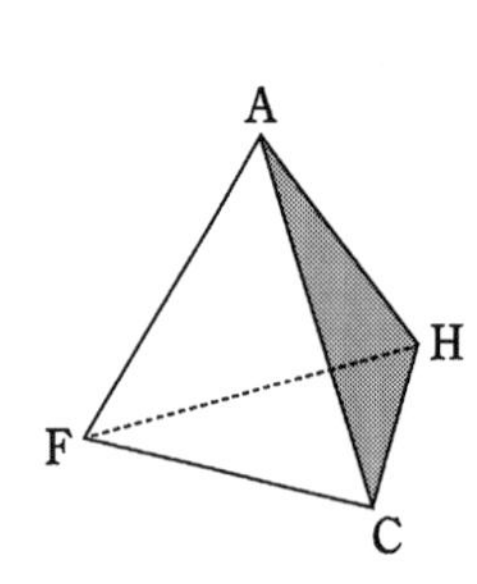

図4

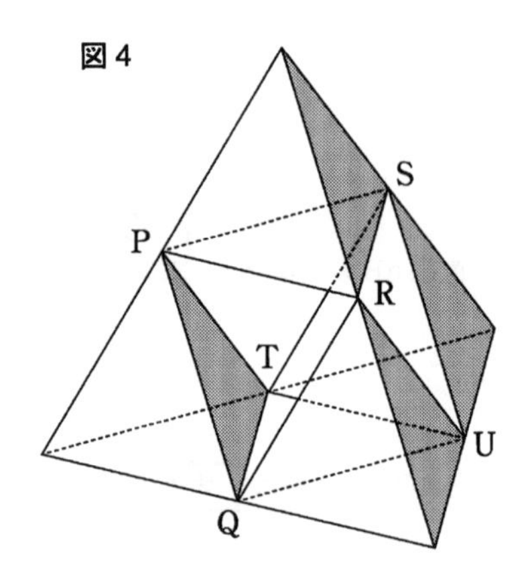

このとき，次の各問いに答えなさい。

(1) 正四面体ACFHの1辺の長さは［ア］$\sqrt{［イ］}$cmである。

(2) 正四面体ACFHの体積は$\dfrac{［ウ］}{［エ］}$cm^{3}である。

(3) **図4**において，立体PQRSTUは［オ］である。［オ］に当てはまるものを，下のⓐからⓙまでの中から選びなさい。

ⓐ 正三角すい	ⓑ 正四角すい	ⓒ 正三角柱	ⓓ 正六角柱	ⓔ 正八角柱
ⓕ 正四面体	ⓖ 正六面体	ⓗ 正八面体	ⓘ 正十二面体	ⓙ 正二十面体

(4) **図 4** において，2 点 P，U を結んでできる線分PUの長さは **カ** cm である。

(5) **図 3** の正四面体ACFHの体積は，**図 4** の立体PQRSTUの体積の $\frac{\boxed{キ}}{\boxed{ク}}$ 倍である。

1 次の各問いに答えなさい。

(1) $\frac{2}{3}-\frac{6}{7}\div\left(-\frac{3}{4}\right)^2$ を計算すると $\frac{\boxed{アイ}}{\boxed{ウ}}$ である。

(2) $\frac{2x+6}{3}-\frac{2x-3}{12}$ を計算すると $\frac{\boxed{エ}x+\boxed{オ}}{\boxed{カ}}$ である。

(3) $x=2\sqrt{3}+2\sqrt{2}$，$y=\sqrt{3}-\sqrt{2}$ のとき，x^2-4y^2 の値を計算すると $\boxed{キク}\sqrt{\boxed{ケ}}$ である。

(4) 関数 $y=-\frac{12}{x}$ について，x の値が2から4まで増加するときの変化の割合は $\frac{\boxed{コ}}{\boxed{サ}}$ である。

(5) 2点(4，−7)，(−3，14)を通る直線の式は $y=\boxed{シス}x+\boxed{セ}$ である。

(6) 関数 $y=\frac{1}{4}x^2$ について，$-4\leqq x\leqq 6$ のとき，y のとる値の範囲は $\boxed{ソ}\leqq y\leqq\boxed{タ}$ である。

(7) $\boxed{0}$，$\boxed{1}$，$\boxed{2}$，$\boxed{3}$，$\boxed{4}$，$\boxed{5}$，$\boxed{6}$ が書かれたカードが1枚ずつ合わせて7枚ある。この中から1枚引き，引いたカードの数を a とする。引いたカードは戻さずにもう1枚引き，引いたカードの数を b とする。$x=10a+b$ とするとき，x が43以上である確率は $\frac{\boxed{チ}}{\boxed{ツテ}}$ である。ただし，x のつくられ方は，同様に確からしいものとする。

⑻ 収穫した800個のトマトから50個の標本を無作為に抽出し，1個ずつ重さを量ったところ，下の度数分布表のようになった。

階級(g)	度数(個)
以上　未満	
60 ～ 70	2
70 ～ 80	3
80 ～ 90	5
90 ～ 100	9
100 ～ 110	8
110 ～ 120	10
120 ～ 130	6
130 ～ 140	3
140 ～ 150	1
150 ～ 160	2
160 ～ 170	1
合計	50

このとき，50個の標本の中央値(メジアン)が含まれる階級の階級値は［トナニ］である。また，収穫した800個のトマトのうち，90 g以上120 g未満であるトマトの個数は，一の位を四捨五入して，約［ヌネノ］個あると考えられる。

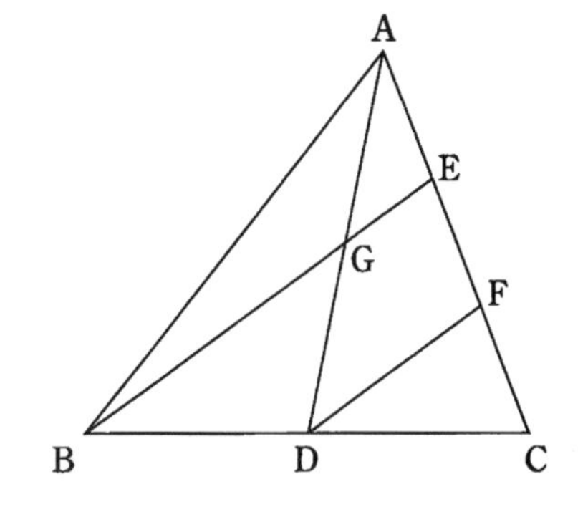

⑼ △ABCでDは辺BCの中点，E，Fは辺ACを3等分した点である。また，Gは線分ADとBEの交点である。このとき，四角形EFDGの面積をS，△CDFの面積をTとするとき，$S:T$を最も簡単な自然数の比で表すと［ハ］：［ヒ］である。

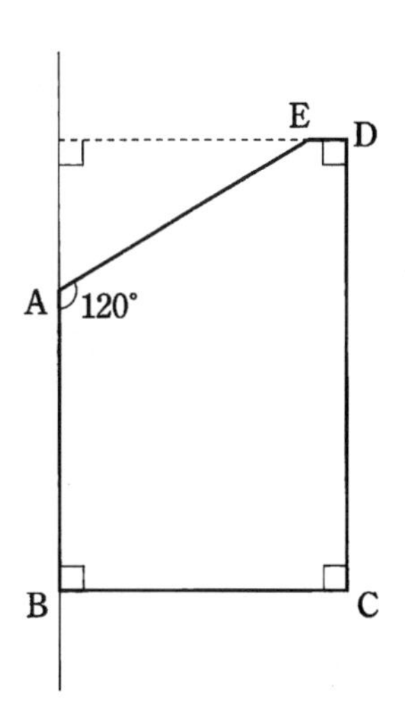

⑽ 右の図の五角形ABCDEにおいて，AB = BC = AE = 4 cmである。このとき，五角形ABCDEを直線ABを軸として1回転させてできる立体の体積は［フヘ］π cm^{3}である。

2 ある高専の文化祭でドーナツの出店を行った。次の各問いに答えなさい。ただし，消費税は考えないものとする。

(1) 次の(A)は販売計画，(B)は販売結果である。

(A) 価格を1個100円として400個用意したので，これを値引きせずに完売すると，売上高から材料費を除いた金額は34,000円となる。

(B) 2日目の午後から値引きして販売したところ，3日間で完売し，売上高から材料費を除いた金額は19,270円であった。

このとき，ドーナツの材料費は1個あたり **アイ** 円であり，3日間の実際の売上高は **ウエオカキ** 円である。

(2) 次の(C)～(F)は3日間の販売の様子である。

(C) 1日目はx個売れた。

(D) 2日目は午前でy個しか売れなかったので，午後から最初の価格の30％引きで販売したところ，午後だけで1日目の2倍の個数が売れた。

(E) 2日目に売れたドーナツは，1日目に売れたドーナツより67個多かった。

(F) 3日目は午前から最初の価格の50％引きで販売し，完売した。

<table>
<tr><td rowspan="2"></td><td rowspan="2">1日目</td><td colspan="2">2日目</td><td rowspan="2">3日目</td><td rowspan="2">3日間の合計</td></tr>
<tr><td>午前</td><td>午後</td></tr>
<tr><td>価格</td><td>100円</td><td>100円</td><td>(30％引き)</td><td>(50％引き)</td><td></td></tr>
<tr><td rowspan="2">個数</td><td colspan="2">クケ 個</td><td rowspan="2">2×コサ 個</td><td rowspan="2"></td><td rowspan="2">400個</td></tr>
<tr><td>コサ 個</td><td>シス 個</td></tr>
<tr><td>売上高</td><td></td><td></td><td></td><td></td><td>ウエオカキ 円</td></tr>
</table>

このとき，2日目の午前までに売れたドーナツは **クケ** 個であり，xの値は **コサ** ，yの値は **シス** である。

〔 計 算 用 紙 〕

3 図1のように，まっすぐな道路に自動車が停止していて，その先端をA地点とする。自動車が出発してから20秒後に，自動車の先端はA地点から160 m離れたB地点を通過した。自動車が出発してからx秒間に進む距離をy mとすると，$0 \leqq x \leqq 20$では$y = ax^2$の関係があるという。

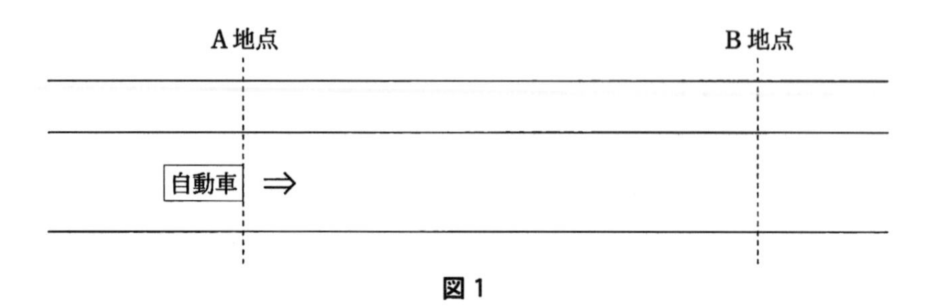

図1

このとき，次の各問いに答えなさい。

(1) aの値は $\frac{\boxed{ア}}{\boxed{イ}}$ である。

(2) 図2のように，この道路に平行な自転車専用道路を自転車Pが一定の速さで自動車の進行方向と同じ方向に進んでいる。自動車が出発する5秒前に自転車Pの先端がA地点を通過していて，図3のように，自動車が出発してから15秒後に自動車と自転車Pの先端が並び，その後自動車が自転車Pを追い越した。この自転車Pの速さは毎秒 ウ . エ mである。

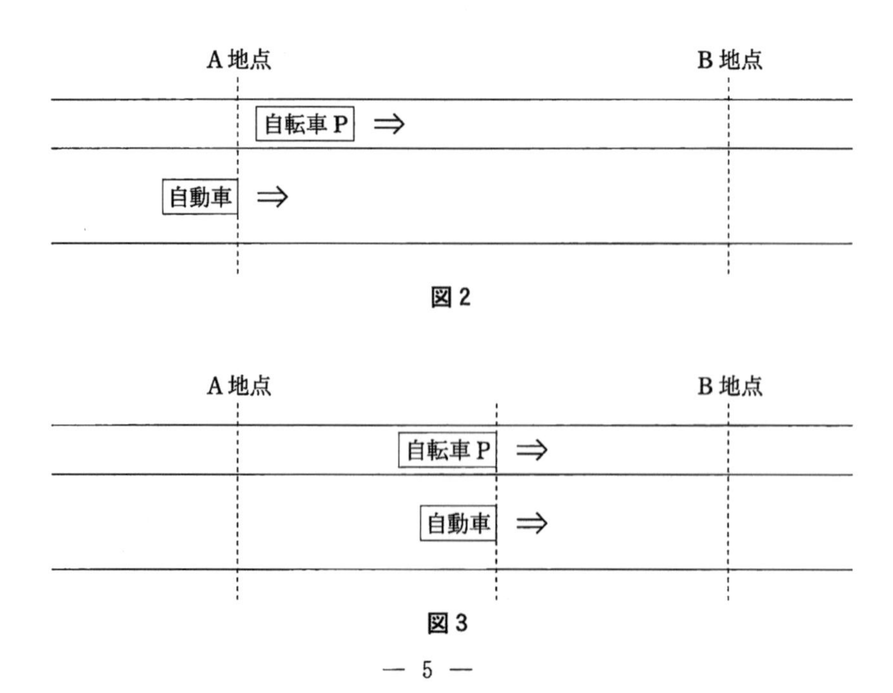

図3

⑶　**図4**のように，この道路に平行な自転車専用道路を自転車Qが毎秒3.6 mの速さで自動車の進行方向と反対の方向に進んでいて，自動車が出発したと同時に自転車Qの先端がB地点を通過した。このとき，自動車と自転車Qの先端がすれ違うのは，自動車が出発してから **オカ** 秒後である。

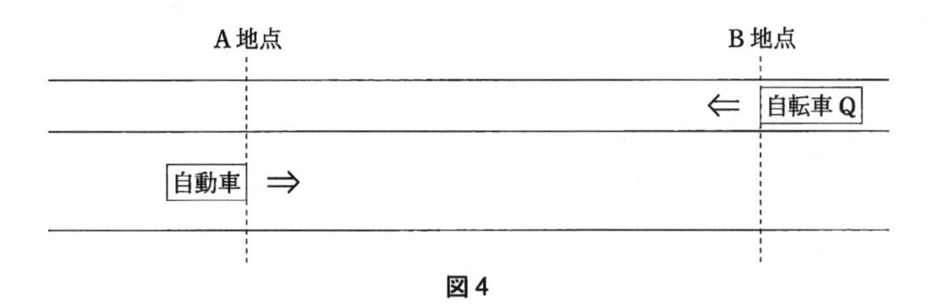

図4

4 図1のように，円Oの直径でない弦AB上に，A，Bと異なる点Pをとる。

PBの中点をQとし，QBを半径とする円Qと円Oの交点で，Bと異なる点をRとする。

このとき，次の各問いに答えなさい。

図1

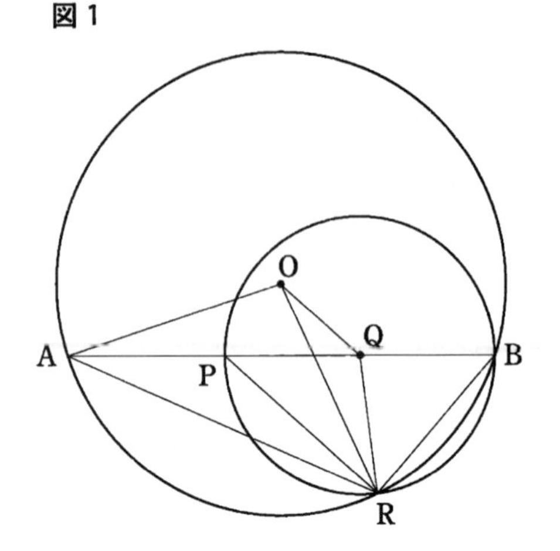

(1) OQ//PR であることを，次のように証明した。［ア］～［エ］に当てはまるものを，下のⓐからⓘまでの中から選びなさい。

【証明】

1つの弧に対する中心角は円周角の2倍であるので，円Qにおいて

［ア］＝2∠PBR＝2∠ABR

また，円Oにおいて

∠AOR＝2∠ABR

よって，［ア］＝∠AOR ……… ①

①より，△QRPと△OARは頂角の等しい二等辺三角形であるから，

∠QRP＝［イ］ ……… ②

また，2点O，Qは，直線ARについて同じ側にあり，①が成り立つので，円周角の定理の逆より，4点A，R，Q，Oは1つの円周上にある。

よって，円周角の定理より

∠QRO＝［ウ］ ……… ③

∠QAR＝［エ］ ……… ④

②，③，④より

∠ORP＝∠QRP－∠QRO

＝［イ］－［ウ］

＝∠QAR

＝［エ］

であるから，錯角が等しいので，OQ//PR である。

［証明終わり］

ⓐ ∠OAR	ⓑ ∠APR	ⓒ ∠QOR
ⓓ ∠PRB	ⓔ ∠PQR	ⓕ ∠ARP
ⓖ ∠QAO	ⓗ ∠OQA	ⓘ ∠AOQ

(2) **図 2** のように，円 O の半径は 2，

$\angle OAB = 30°$，AO が円 Q の接線であるとき，

$$PR = \frac{\boxed{オ}\sqrt{\boxed{カ}}}{\boxed{キ}}$$

である。

図 2

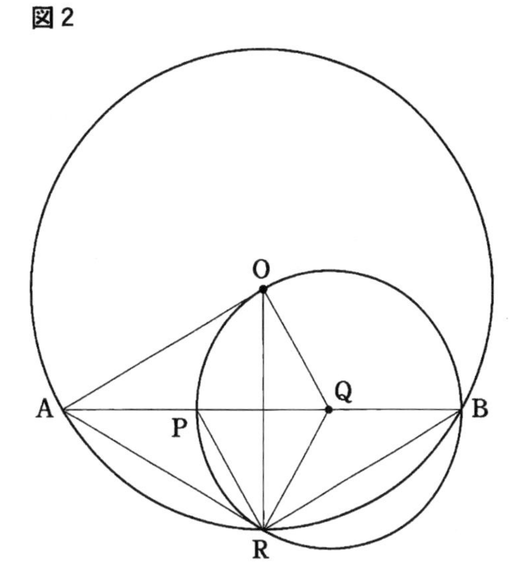

(3) **図 3** のように，円 O の半径は 2，

$\angle OAB = 30°$，AP = 2 であるとき，

$$PQ = \sqrt{\boxed{ク}} - \boxed{ケ}$$

$$OQ = \sqrt{\boxed{コ}}$$

$$PR = \sqrt{\boxed{サ}} - \sqrt{\boxed{シ}}$$

である。

図 3

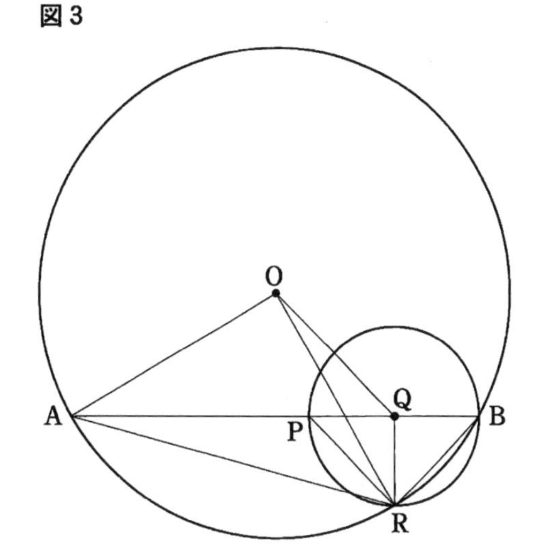

1 次の各問いに答えなさい。

(1) $-3^2+\frac{5}{2}\div\left(-\frac{5}{4}\right)+(-3)^2$ を計算しなさい。

(2) $5\sqrt{12}-\frac{18}{\sqrt{3}}+\sqrt{75}$ を計算しなさい。

(3) $(x-4)^2-10(x-4)-24$ を因数分解しなさい。

(4) $x=3-\sqrt{5}$ のとき $x^2-6x+10$ の値を求めなさい。

(5) 2つの関数 $y=x^2$ と $y=8x-3$ について，x の値が a から $a+3$ まで増加するときの変化の割合が等しい。このとき，a の値を求めなさい。

(6) 関数 $y=-3x+b$ について，x の変域が $-4\leqq x\leqq 2$ のとき，y の変域は $-8\leqq y\leqq 10$ である。このとき，b の値を求めなさい。

(7) 1から6までの目の出る大小2つのさいころを同時に投げるとき，出る目の数の和が素数になる確率を求めなさい。

ただし，2つのさいころは，どの目が出ることも同様に確からしいものとする。

⑻　下の表は，ある学級の生徒の片道の通学時間をまとめたものである。表の(ア)，(イ)にあてはまる数値を求めなさい。

通学時間（分）	人数（人）	相対度数
以上　未満		
0 ～ 15	3	
15 ～ 30	(イ)	
30 ～ 45	14	
45 ～ 60	9	0.25
60 ～ 75	2	
75 ～ 90	1	
合計	(ア)	

⑼　右の図の△ABCは，BC ＝ 6 cm，CA ＝ 8 cm，∠ACB ＝ 90° の直角三角形である。線分BCの中点をDとする。また，点Cを中心とし，線分CDを半径とする円をかき，線分ACとの交点をEとする。

　このとき，直線ACを軸として，斜線部分の図形ABDEを1回転させてできる立体の体積を求めなさい。

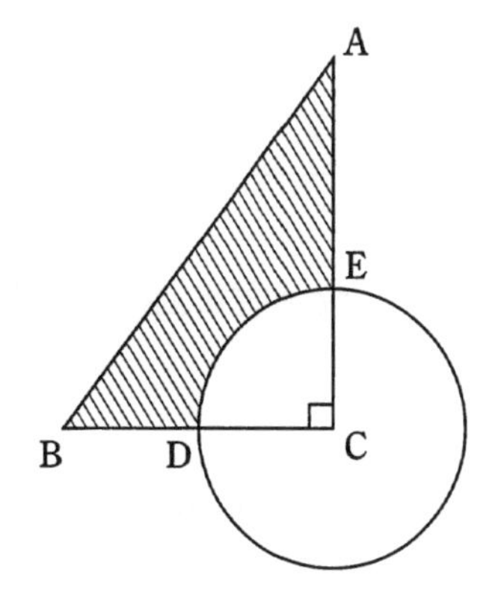

2 次の図のように，AB = 12 cm である長方形の封筒の縦の 2 つの辺上に，AB = BC = AD となるように点 C，D をとる。表の面の辺 CD の中点を E，裏の面の辺 CD の中点を F とする。辺 CD に沿って封筒の上の部分を切り取り，下の部分だけを残す。2 点 C と D とが重なるように折ると，四面体 ABEF ができる。

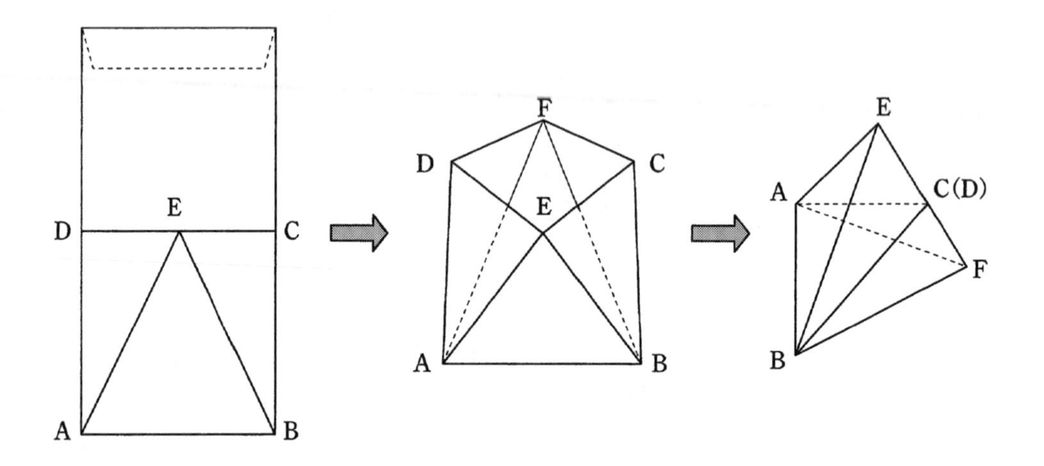

この四面体 ABEF について，次の各問いに答えなさい。

(1) 3 点 A，B，C(D)を結んでできる△ABC の面積を求めなさい。

(2) 四面体 ABEF の体積を求めなさい。

3 幅 3 cm の板を**図 1** のように切り，**図 2** のように並べて長方形の額縁(がくぶち)を作りたい。

3 cm

図 1

x cm

図 2

図 1 の両端にできる直角二等辺三角形の部分は使わないものとする。また，板を切るときに出る切屑(きりくず)による大きさの減少などは考えないものとする。

図 2 のように，額縁の外側の縦の長さを x cm として，次の各問いに答えなさい。

(1) 額縁の内側の縦の長さを，x を使った式で表しなさい。

(2) 板の長さが 159 cm，額縁の外側の縦と横の長さの比が 3 : 4 であるときの，額縁の外側の縦，横の長さを求めなさい。

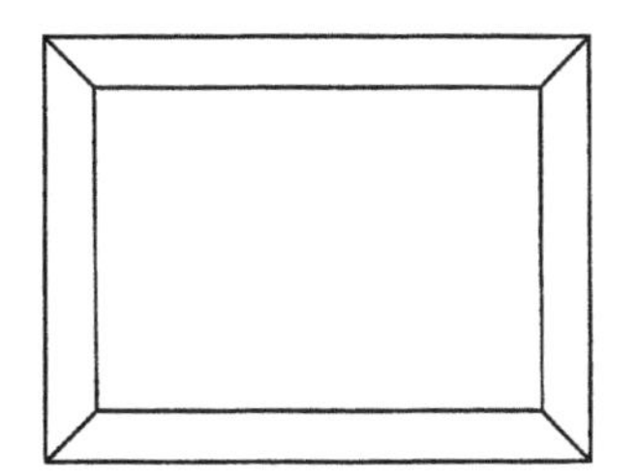

(3) 額縁の外側の横の長さが縦の長さよりも 12 cm 長く，額縁の内側(斜線の部分)の面積が 988 cm^2 であるときの，額縁の外側の縦の長さを求めなさい。

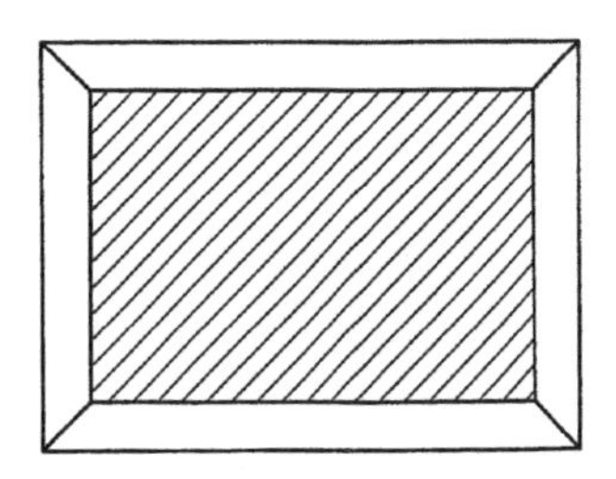

4 右の図のように，関数

$$y = ax^2 \qquad \cdots\cdots\cdots ①$$

のグラフ上に，2点A，Bがあり，点Aの座標は$(-2,\ 6)$，点Bのx座標は1である。

原点Oを通る直線OB上に点Cをとり，関数①のグラフ上に点Dをとる。

四角形ABCDが平行四辺形であるとき，次の各問いに答えなさい。

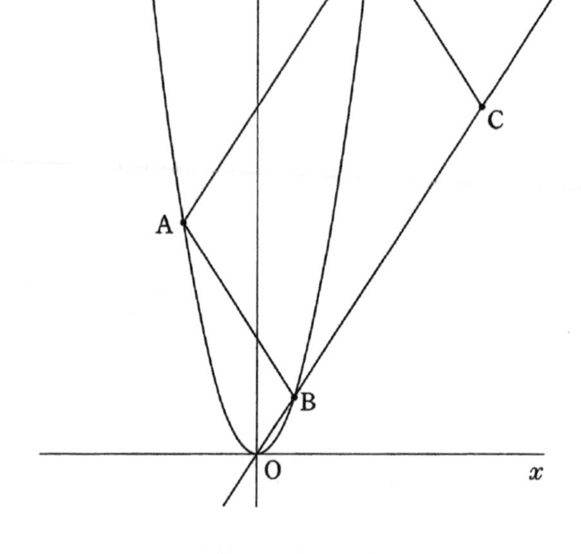

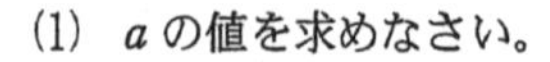

(1) aの値を求めなさい。

(2) 直線ABの式を求めなさい。

(3) 点Cの座標を求めなさい。

5 図1のように，円Oの弦ABに対し，弧ABの3等分点C，Dを，A，C，D，Bの順に並ぶようにとる。さらに，Cを含まない弧AB上に点Pをとる。

ABとPC，PDの交点をそれぞれR，Qとし，PDとBCの交点をEとする。

このとき，次の各問いに答えなさい。

図1

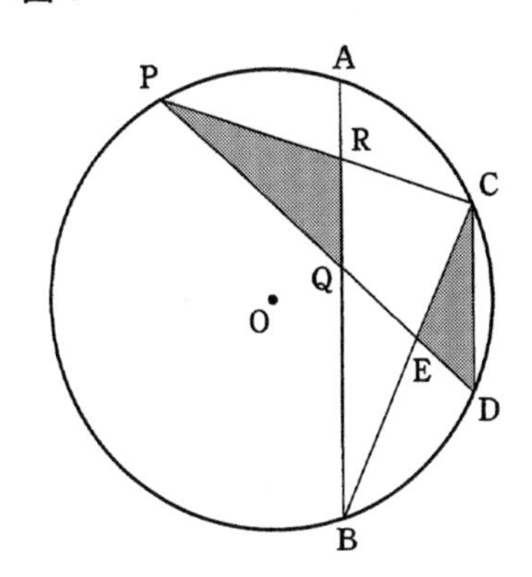

(1) △CDE∽△PQR であることを，次のように証明した。[a]～[d]に当てはまるものを，下の**ア**から**ケ**までの中から選び，記号で答えなさい。

（証明） △CDEと△PQRにおいて，

1つの円の[a]ので，

∠ABC＝∠BCD

よって，2直線AB，CDに1つの直線BCが交わってできる[b]が等しいので，

AB//CD

AB//CDより，[c]が等しいので，

∠CDE＝∠PQR ……… ①

さらに，[a]ので，∠BCD＝∠CPD

すなわち，∠ECD＝∠RPQ ……… ②

①，② より，2つの三角形の[d]ので，

△CDE∽△PQR （証明終わり）

ア 等しい円周角に対する弧は等しい
イ 1つの弧に対する円周角の大きさは，その弧に対する中心角の半分である
ウ 等しい弧に対する円周角は等しい
エ 錯 角
オ 同位角
カ 対頂角
キ 3組の辺の比がすべて等しい
ク 2組の辺の比とその間の角がそれぞれ等しい
ケ 2組の角がそれぞれ等しい

⑵ **図 2** のように，AB が直径で，弧 AP の長さが弧 AC の長さの $\frac{2}{3}$ であるとき，∠PQR の大きさを求めなさい。

図 2

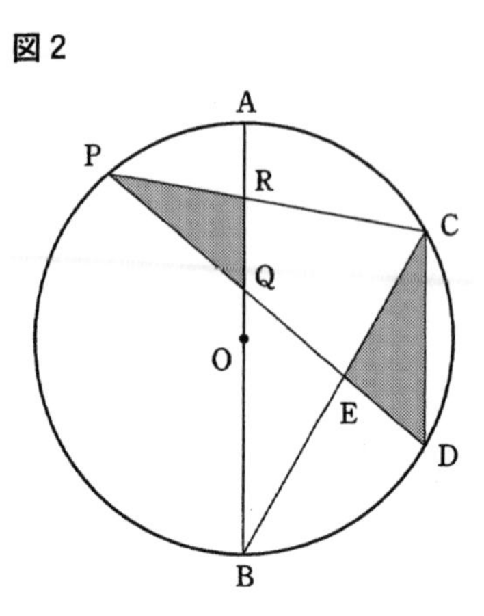

⑶ **図 3** のように，AB，CP がともに直径となるとき，△CDE の面積は，△PQR の面積の何倍ですか。

図 3

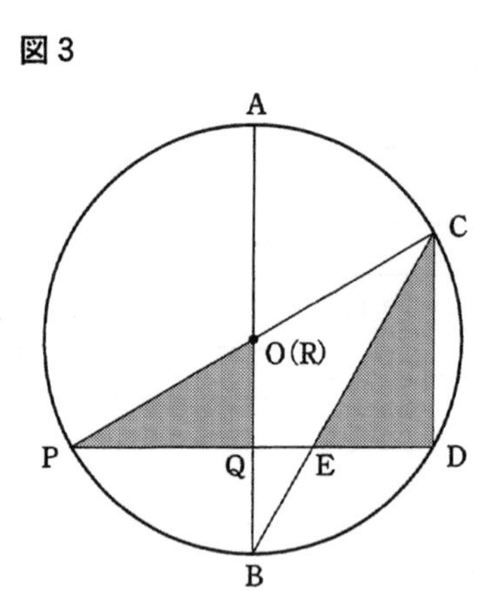

2014(平成26)年度

〈時間〉50分　〈満点〉100点

1 次の各問いに答えなさい。

(1) $(-2)^3 \div \left(\frac{3}{5} - \frac{1}{3}\right)$ を計算しなさい。

(2) $\sqrt{21} \times \sqrt{7} - \frac{18}{\sqrt{12}}$ を計算しなさい。

(3) 方程式 $4x^2 = (x+6)^2$ を解きなさい。

(4) 関数 $y = -3x^2$ について，x の値が2から5まで増加するときの変化の割合を求めなさい。

(5) 関数 $y = \frac{3}{2}x^2$ について，x の変域が $-2 \leqq x \leqq 4$ のときの y の変域を求めなさい。

(6) 1から6までの目の出る大小1つずつのさいころを同時に投げるとき，出る目の数の和が4の倍数である確率を求めなさい。
ただし，2つのさいころは，どの目が出ることも同様に確からしいものとする。

(7) 下の表は生徒10人が1学期間に読んだ本の冊数を示したものである。

この10人が読んだ本の冊数の中央値(メジアン)を求めなさい。

生 徒	A	B	C	D	E	F	G	H	I	J
冊 数	10	21	14	22	5	18	17	10	3	19

(8) 右の図のA, B, C, Dは円Oの周上の点で，線分ACは円の中心Oを通っている。また，線分AC, BDの交点をEとする。

$\angle AED = 66°$, $AB = BC$ のとき，$\angle x$ の大きさを求めなさい。

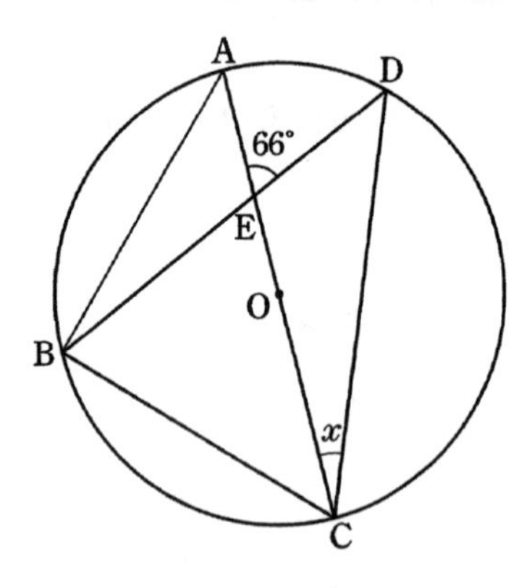

(9) 右の図の△ABCで，AD = DB, AE = EF = FC である。また，線分BF, DCの交点をGとする。

BF = 10 cm のとき，BGの長さを求めなさい。

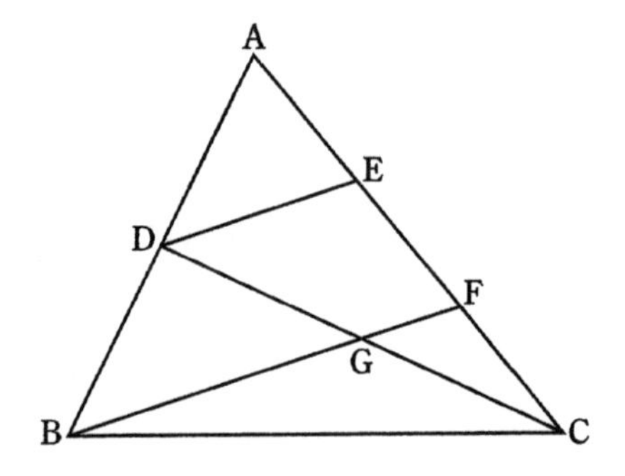

2 右の図のように，原点を通り y 軸上に中心を持つ円と，放物線 $y = ax^2$ が点A(4，8)で交わっている。

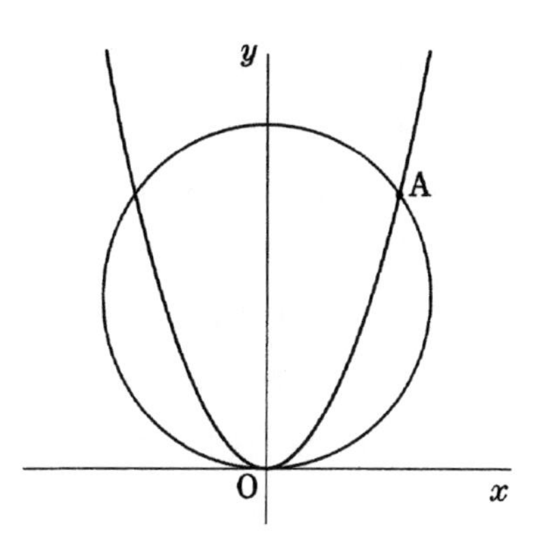

このとき，次の各問いに答えなさい。

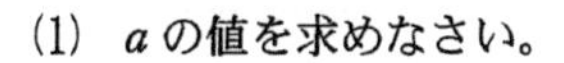

(1) a の値を求めなさい。

(2) 円の中心の座標を求めなさい。

3 小さい正方形を，縦横 n 枚ずつ敷きつめて大きい正方形の数表を作る。右の**図 1** は，縦横 4 枚ずつ敷きつめた数表であり，**図 2** は，縦横 5 枚ずつ敷きつめた数表である。

図 1 や**図 2** のように，数表の左上の小さな正方形には 1 を記入し，矢印の向きにしたがって順に連続する自然数を記入していく。

そして，数表の対角線上の小さな正方形に記入された数を，小さい方から順に横 1 列に並べた数の列を考える。

たとえば，**図 1** の場合の数の列は，

1，4，7，10，13，14，15，16

図 2 の場合の数の列は，

1，5，9，13，17，19，21，23，25

となる。

このとき，次の各問いに答えなさい。

図 1

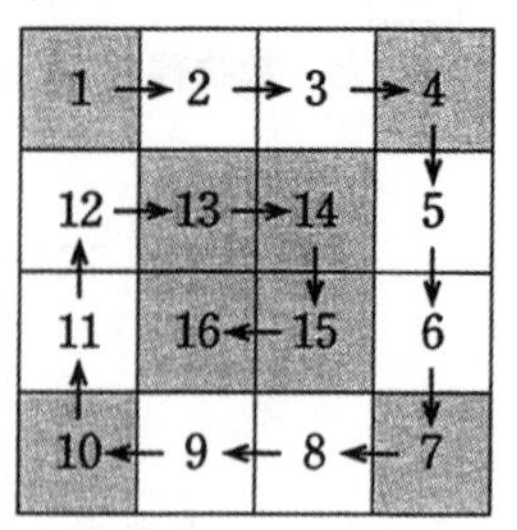

図 2

1 →	2 →	3 →	4 →	5
16 →	17 →	18 →	19	6
15	24 →	25	20	7
14	23 ←	22 ←	21	8
13 ←	12 ←	11 ←	10 ←	9

(1) 縦横 9 枚ずつ敷きつめたときにできる数の列について，大きい方から 3 番目の数を求めなさい。

(2) 縦横 n 枚ずつ敷きつめたときにできる数の列について，小さい方から 4 番目の数を n を用いて表しなさい。

(3) 縦横 n 枚ずつ敷きつめたときにできる数の列について，大きい方から順に 4 つの数をたすと 664 になった。このときの n の値を求めなさい。

2014（平成26）年度

4 駅から6 km 離れた所に公園があり，この間を2台のバスが一定の速さで何回も往復している。A さんは正午にバスと同じ道を駅から公園に向かって一定の速さで歩きはじめ，途中15分の休憩をとった後，タクシーに乗って13時15分に公園に着いた。A さんは公園に向かう途中，12時30分に駅から2 km の地点でバスに追い越された。下のグラフは，A さんが出発してから x 分後の駅からの距離を y km として，A さんと2台のバスの進行のようすを表したものである。

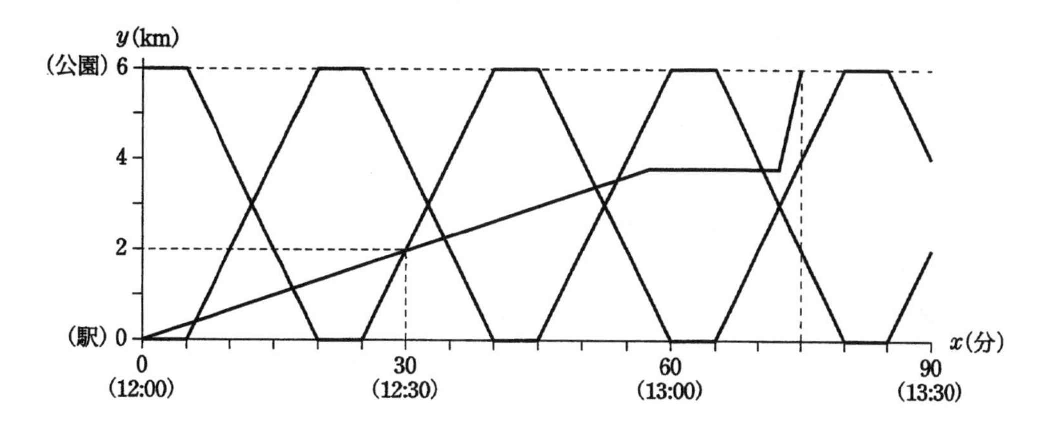

このとき，次の各問いに答えなさい。

(1) A さんは駅を出発してから公園に着くまでに，駅行きのバスと何回出合いましたか。

(2) A さんが駅を12時45分に出発するバスに追い越されたのは，駅から何 km の地点ですか。

(3) タクシーの速さはバスの1.5倍であった。A さんがタクシーに乗っていた時間は何分何秒ですか。

5 AB＝8 cm，AD＝12 cm の長方形ABCD がある。

図1のように，AB を1辺とする正方形ABEF と，EC を1辺とする正方形ECGH を作る。

図2のように，

平面 ABF⊥平面 FBE

平面 CEG⊥平面 HEG

となるように折り曲げ，頂点Aが来たところをA′，頂点Cが来たところをC′とする。

2点A′とC′は，元の平面に対して同じ側にある。このとき，次の各問いに答えなさい。

図1

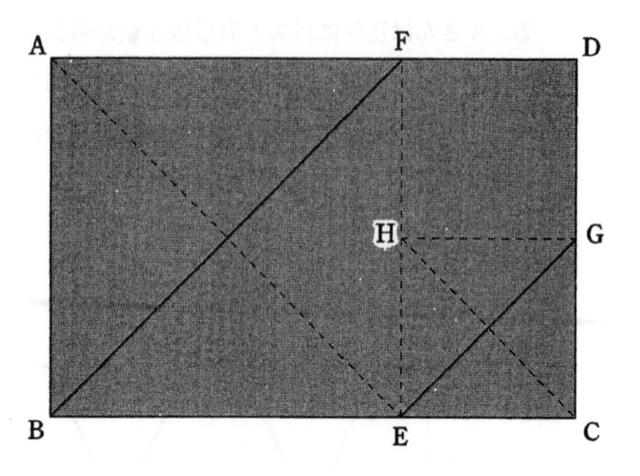

図2

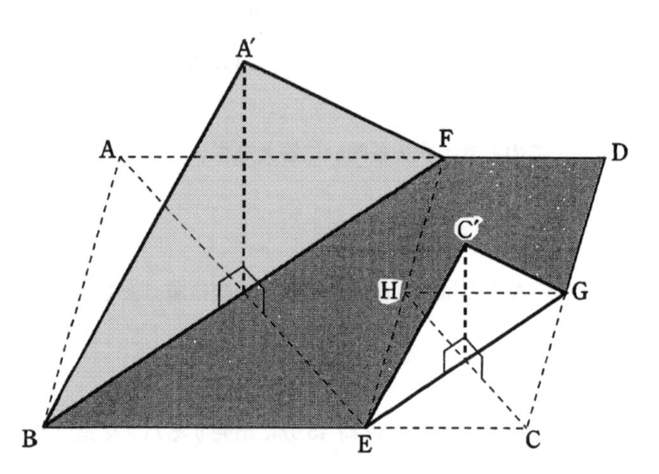

(1) 図2で，2点A′，C′を結んでできる線分A′C′の長さを求めなさい。

(2) 図2で，3点A′，B，Eを結んでできる△A′BE の面積を求めなさい。

(3) 図 3 のように，直線 BE と直線 FG の交点を O とすると，直線 A′C′ は点 O を通る。立体 C′EG−A′BF の体積を求めなさい。

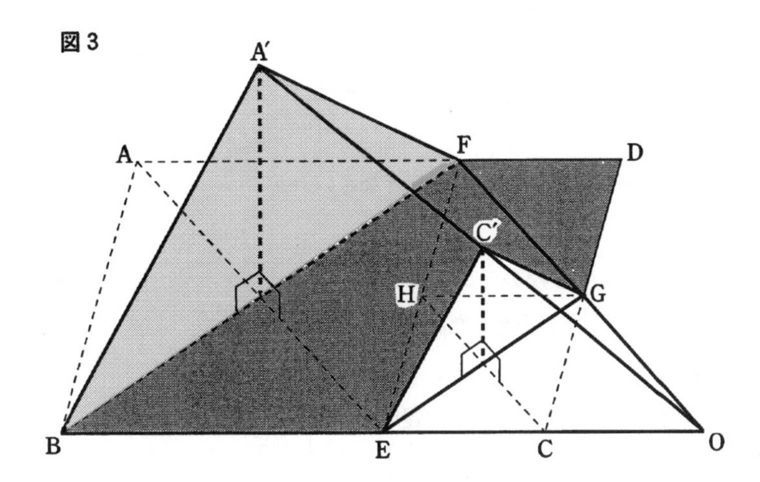

1　次の各問いに答えなさい。

(1) $\frac{3}{5} \times 10 - 4 \div \frac{1}{2}$ を計算しなさい。

(2) $(3\sqrt{6} - \sqrt{3})(\sqrt{6} + \sqrt{3})$ を計算しなさい。

(3) 2次方程式 $x^2 + 5x + 2 = 0$ を解きなさい。

(4) 右の表は，ある中学校のテニス部員とサッカー部員がけんすいを行った結果を，度数分布表に整理したものである。

目標回数を8回にしたとき，目標達成状況を次のようにまとめた。［ア］，［イ］には適する数を，［ウ］には適する語を記入しなさい。

けんすいの記録

階級(回)	度数(人)	
	テニス部	サッカー部
以上　未満 0 ～ 4	1	6
4 ～ 8	5	12
8 ～ 12	9	24
12 ～ 16	5	8
計	20	50

目標回数に達した人数の相対度数は，テニス部が［ア］，サッカー部が［イ］だから，目標に達した割合は，［ウ］部の方が大きい。

(5) 箱の中の5枚のカード $\boxed{a}\ \boxed{b}\ \boxed{c}\ \boxed{d}\ \boxed{e}$ から同時に2枚取り出すとき，取り出した2枚の中に $\boxed{b}$ が含まれている確率を求めなさい。ただし，どの2枚のカードが取り出されることも同様に確からしいものとする。

(6) 関数 $y = ax^2$ のグラフと，傾き $\frac{1}{2}$ の直線が2点A，Bで交わり，A，Bの x 座標はそれぞれ -2，5 である。

このとき，a の値を求めなさい。

(7) 右の図は，ある回転体の投影図である。平面図は直径が 12 cm の円である。立面図は半円と長方形を組み合わせた図形で，長方形の高さは 6 cm である。

円周率をπとして，この立体の体積を求めなさい。

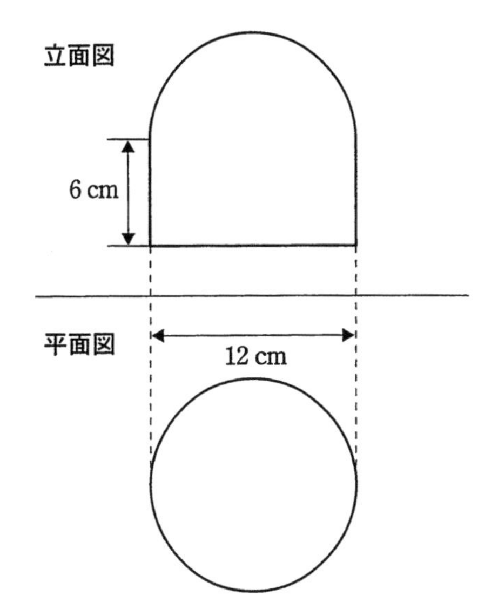

(8) 右の図の A，B，C，D，E は，円 O の周上の点で，線分 AD は，円 O の中心 O を通っている。

$\angle$ACE ＝ 51° のとき，$\angle x$ の大きさを求めなさい。

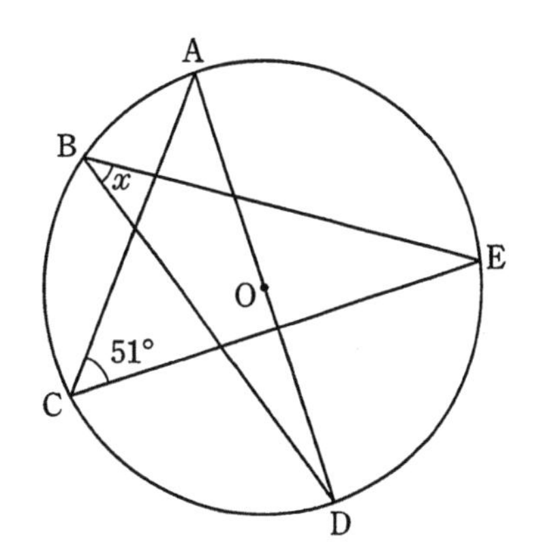

(9) 1 辺の長さが 4 cm の正六角形 ABCDEF がある。

辺 EF の中点を M とするとき，線分 AM の長さを求めなさい。

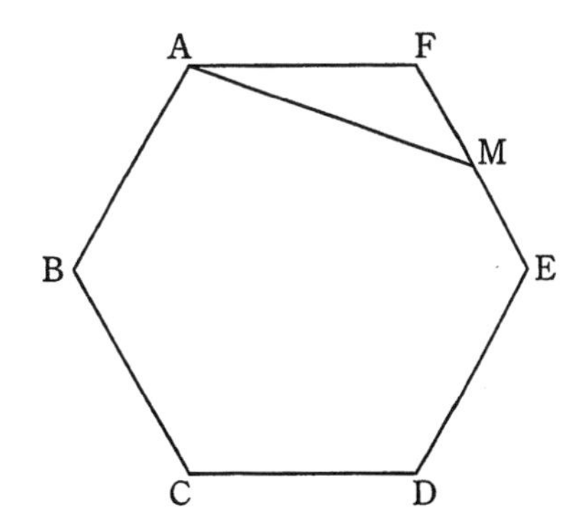

2　5地点A～Eの標高を調べるために，図のように，おもりをぶら下げた糸と平行に，目盛りがついた棒を各地点に立てた。地点Aと地点Bの間の区間ABで，糸を2本の棒と垂直になるように結びつけたところ，糸の結び目の地面からの高さが，地点Aでは2.5 m，地点Bでは0.5 mであった。このことから，地点Bの標高は地点Aの標高よりも2 m高いことが分かる。

同様の方法で各区間を順に調べたところ，糸の結び目の地面からの高さは表のようであった。

図

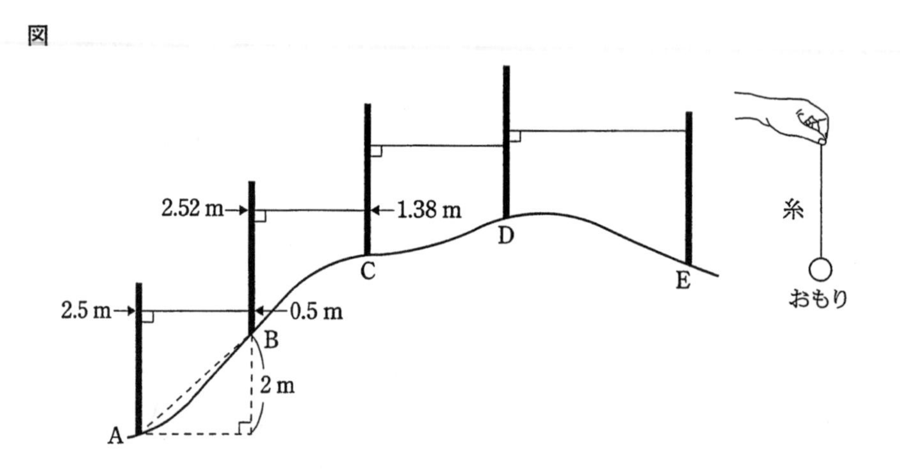

表

区　間	区間AB		区間BC		区間CD		区間DE	
糸の結び目の地面からの高さ[m]	A	2.5	B	2.52	C	2.15	D	x
	B	0.5	C	1.38	D	1.76	E	2.54

地点Cの標高が30 mであるとき，次の各問いに答えなさい。

(1)　地点Aの標高を求めなさい。

(2)　地点Cの標高が地点Eの標高よりも0.28 m高いとき，表のxの値を求めなさい。

2013(平成25)年度

3 底面の縦が 60 cm，横が 90 cm で，高さが 50 cm の直方体の空(から)の水槽(すいそう)がある。最初，1 分間に a cm^3 の割合で水を入れ，何分かたった後に，1 分間に b cm^3 の割合に変え，水を満水になるまで入れた。**図 1** は，そのようすを表したものである。ただし，水槽の厚さは考えないものとする。

途中で水槽の水の深さを 3 回測定したところ，水を入れ始めてから 9 分後に 8 cm，21 分後に 20 cm，42 分後に 48 cm であった。

水を入れ始めてから x 分後の水の深さを y cm として，x と y の値の組を座標とする点を示すと**図 2** のようになった。

このとき，次の各問いに答えなさい。

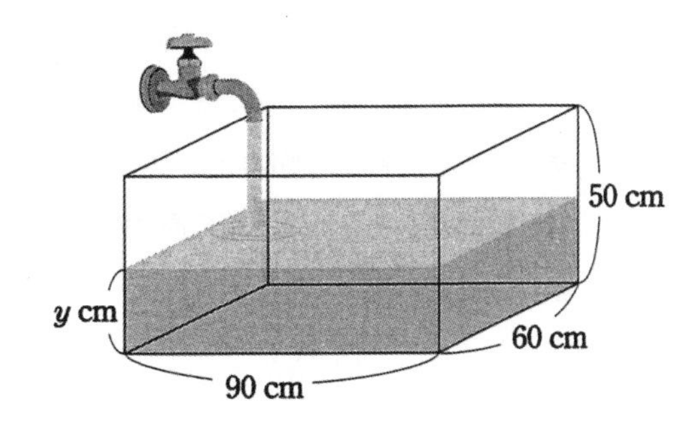

図 2

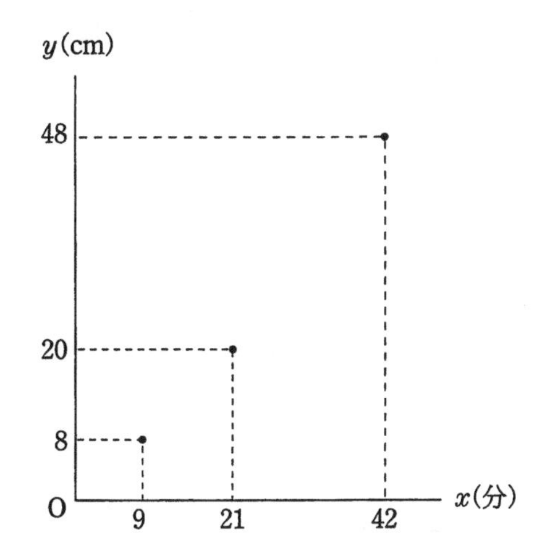

(1) 水を入れる割合を変えたのはいつですか。次の**ア**から**エ**の中から正しいものを選び，記号で答えなさい。

> **ア**．1 回目の測定より前
> **イ**．1 回目の測定より後で，2 回目の測定より前
> **ウ**．2 回目の測定より後で，3 回目の測定より前
> **エ**．3 回目の測定より後

(2) b の値を求めなさい。

(3) 水を入れる割合を変えたのは，水を入れ始めてから何分後ですか。

4 高さと奥行きが同じで，幅だけが異なる3種類の直方体の箱A，B，Cをロッカーに収納する。図1のように，箱B，Cの幅は，それぞれ箱Aの幅の1.5倍，2倍である。図2のように，1台のロッカーは3段からなる。また，各段の高さと奥行きは，それぞれ箱の高さと奥行きと同じであり，各段の幅は箱Aの幅で24個分ある。

箱を収納するときには，箱の高さをロッカーの段の高さにそろえ，高さと幅でできる面が前にくるように並べる。

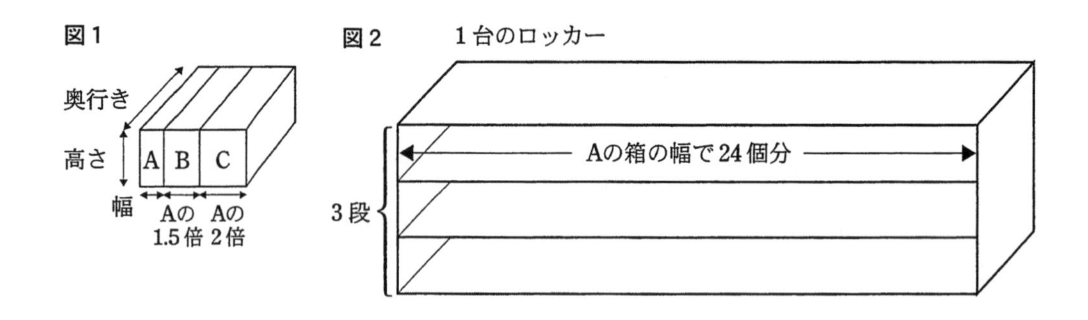

このとき，次の各問いに答えなさい。

(1) 箱A，B，Cを1つの段に隙間(すきま)なく収納する。箱Aは2個だけ使用し，箱B，Cのうち使用しない種類があってもよいものとする。さらに，並べる順番が異なっても，箱A，B，Cの個数が同じならば同じ収納方法であるとする。

このとき，1つの段の異なる収納方法は何通りあるか求めなさい。

(2) 箱BとCを1台のロッカーの3段すべてに隙間なく収納したところ，40個の箱が収納できた。

収納された箱BとCの個数を求めなさい。

(3) 800個の箱Aを，次の手順で奇数台のロッカーに収納していく。

(手順1) 上の段に，1台目のロッカーには20個，2台目のロッカーには10個と交互に

20個，10個，20個，10個，……

となるように，すべてのロッカーに収納する。

(手順2) (手順1)の後，中の段に20個ずつ，すべてのロッカーに収納する。

(手順3) (手順2)の後，下の段に1台目のロッカーから順に24個ずつ収納し，箱がなくなった時点で終了する。

この手順で収納したところ，(手順3)で3台目のロッカーに12個収納したところで終了した。

このとき，使用したロッカーの台数を求めなさい。

5 右の図の四角形ABCDにおいて，AD // BC，∠ABC = ∠DCB，∠BAC = 90° とする。点Dから BC，AC，BA の延長に垂線を引き，その交点をそれぞれE，F，Gとする。

このとき，次の各問いに答えなさい。

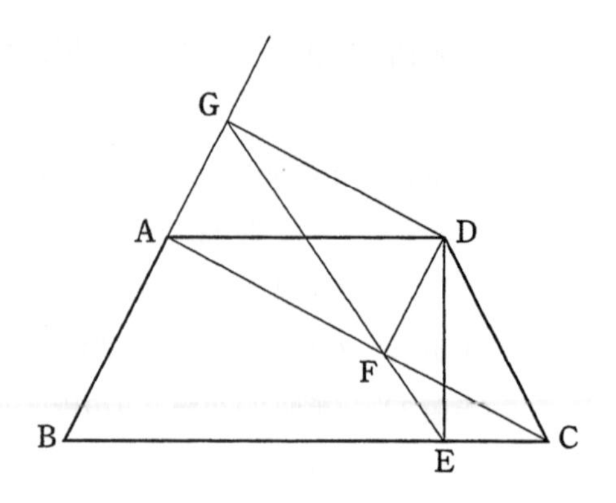

(1) 3点E，F，Gが一直線上にあることを次のように証明した。[a] ～ [c] に最も適するものを，次のページの**ア**から**ク**までの中から選び，記号で答えなさい。

〔証明〕

△ADGと△CDEにおいて

仮定から　　∠AGD = ∠CED……①

また，AD // BCなので

∠ABC = [a] ……②

仮定から　　∠ABC = ∠ECD……③

②，③から　　[a] = ∠ECD……④

①，④から　　△ADG ∽ △CDE

したがって　　∠ADG = ∠CDE……⑤

次に，四角形AFDGは長方形なので

△ADG ≡ △GFA

したがって　　∠ADG = ∠GFA……⑥

また，2点E，Fは，直線CDについて同じ側にあり，∠CED = [b] なので，
円周角の定理の逆により4点C，D，F，Eは，1つの円周上にある。
したがって，円周角の定理により

∠CDE = [c] ……⑦

⑤，⑥，⑦から

∠GFA = [c] ……⑧

∠GFA + ∠GFC = 180° なので，⑧から

[c] + ∠GFC = 180°

したがって，3点E，F，Gは一直線上にある。　　〔証明終わり〕

ア　∠CDF	イ　∠BAD	ウ　∠CFD	エ　∠CFE
オ　∠GAD	カ　∠DCF	キ　∠BEF	ク　∠CEF

(2)　AD = 4 cm，BC = 6 cm，DE = $\sqrt{5}$ cm とする。このとき，

(i)　GE の長さを求めなさい。

(ii)　△GBE の面積を求めなさい。

1 次の各問いに答えなさい。

(1) $-\frac{14}{9}\times\frac{6}{7}-\frac{15}{8}\div\left(-\frac{5}{4}\right)$ を計算しなさい。

(2) 等式 $\frac{a+b}{3}=\frac{2a-b}{2}$ を，a について解きなさい。

(3) $\frac{24}{\sqrt{6}}-\frac{\sqrt{54}}{3}$ を計算しなさい。

(4) 関数 $y=-\frac{1}{4}x^2$ について，x の値が 2 から 6 まで増加するときの変化の割合を求めなさい。

(5) 関数 $y=ax^2$ について，x の変域が $-1\leqq x\leqq 2$ のとき y の最大値が 8 となった。このとき，a の値を求めなさい。

(6) 右の図の円 O で，3 つの弦 AB，CD，EF は平行で，

$\angle BCD=22°$，$\angle DEF=21°$，

$\overset{\frown}{CE}:\overset{\frown}{EG}=3:1$

であるとき，$\angle x$ の大きさを求めなさい。

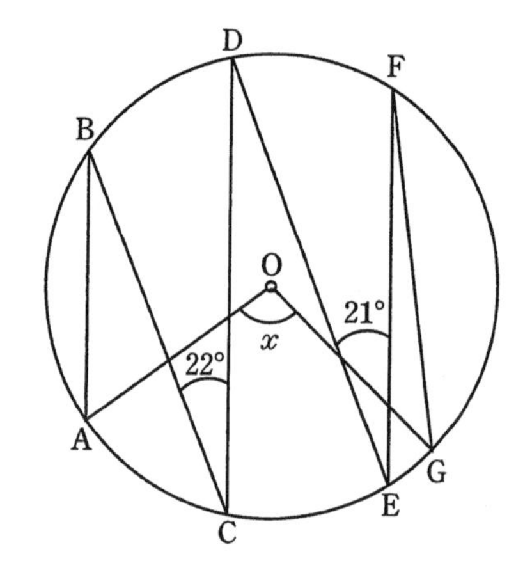

(7) 右の図において，△ABC は AB = AC の二等辺三角形である。AB の中点を M とし，AB の延長上に，AB = BN となるように点 N をとる。CN = 15 cm のとき，MC の長さを求めなさい。

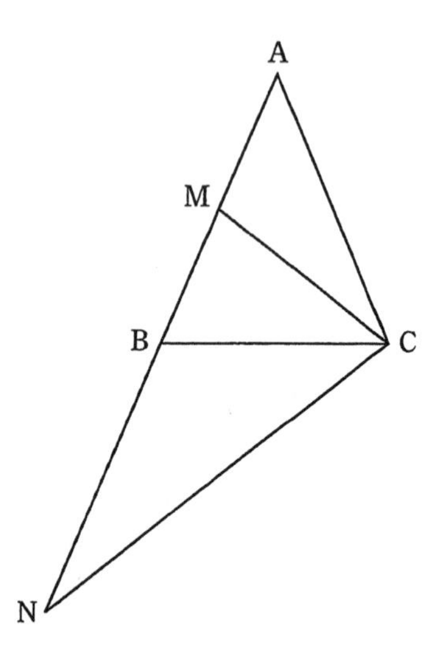

(8) 3人で1回だけじゃんけんをするとき，あいこ(引き分け)になる確率を求めなさい。ただし，グー，チョキ，パーの出し方は，そのどれを出すことも同様に確からしいものとする。

(9) ある数学のテスト(100点満点)で，生徒39人のテストの結果は平均点が60点であった。このとき，このテストの分析結果として正しいものを，次の**ア**～**オ**の中からすべて選び，記号で答えなさい。

ア 39人の中に60点をとった生徒が必ずいる。
イ 39人の中で，60点をとった生徒の数が一番多い。
ウ 39人の点数を合計すると，2340点になる。
エ 39人の中で，順位がちょうど真ん中の生徒の点数は60点である。
オ 39人の中で，61点をとった生徒の順位は19位以内に入るとは限らない。

2　1から8までの自然数の1つを1番目として，2番目からの数は1つ前の数をもとに，次のように計算して数の列を作る。

［計算の規則］
- 1つ前の数が1けたのときは，その数の2乗を次の数とする。
- 1つ前の数が2けた以上のときは，その数の各位の数の2乗の和を次の数とする。

下の図1，図2は，○で囲まれた自然数を1番目の数として，以下この規則をくり返し用いることで作られる数の列の一部を示したものである。

例えば図2で，1番目の数を7とするとき，2番目の数は$7^2=49$，3番目の数は$4^2+9^2=97$となる。

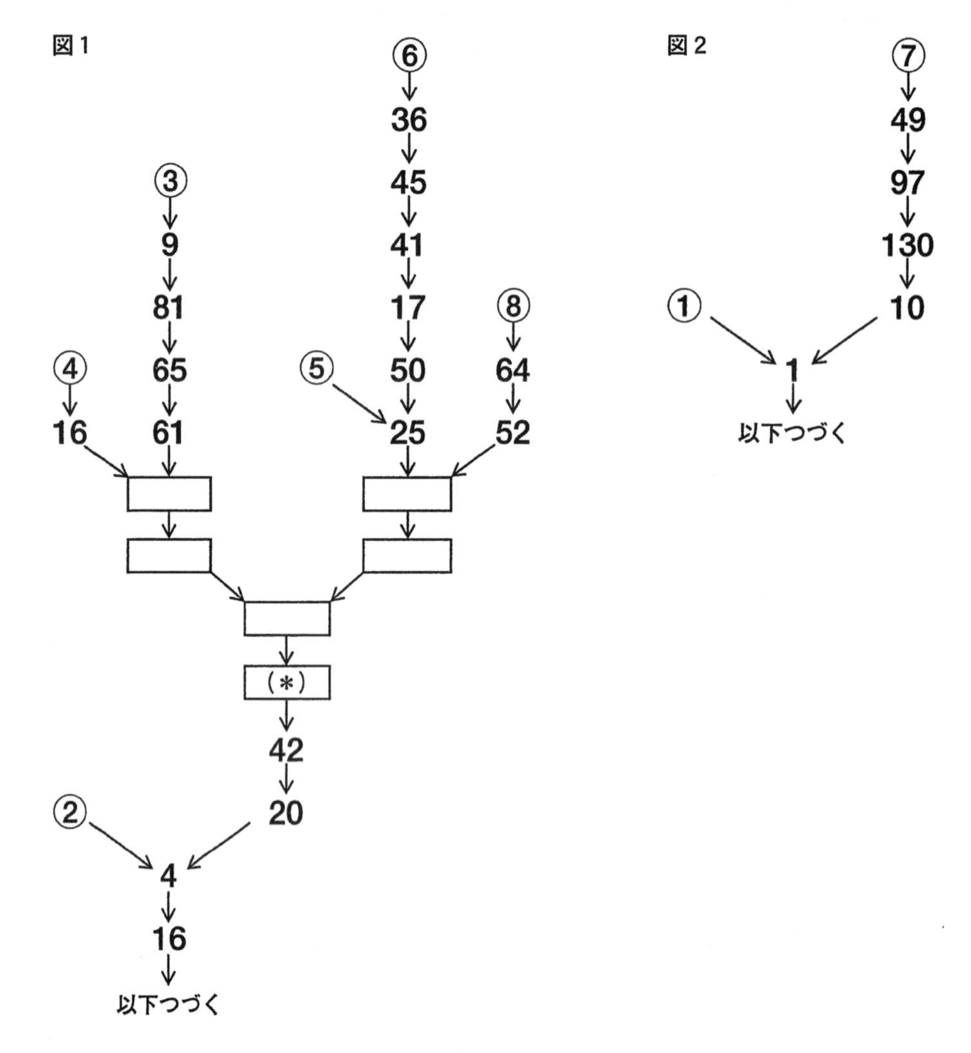

このとき，次の各問いに答えなさい。

(1) 図1の （*） に当てはまる数を求めなさい。

(2) 自然数 5 を1番目として計算するとき，この数の列に1けたの自然数 4 がくり返し出てくる。n 個目の自然数 4 は，この数の列の1番目から数えて何番目の数になるかを，n を用いた式で表しなさい。

3 図1のように，2種類の相似な長方形の紙 P，Q がある。P の短い辺の長さは 12 cm，Q の長い辺の長さは P の対角線の長さと同じであり，P と Q の面積の比は 16：25 である。

このとき，次の各問いに答えなさい。

図1

(1) Q の短い辺の長さを求めなさい。

(2) 図2のように，2枚の P と1枚の Q を，Q の長い辺が2枚の P の対角線と重なるようにおいたところ，2枚の P の長い辺が線分 AB で重なった。

AB の長さを求めなさい。

図2

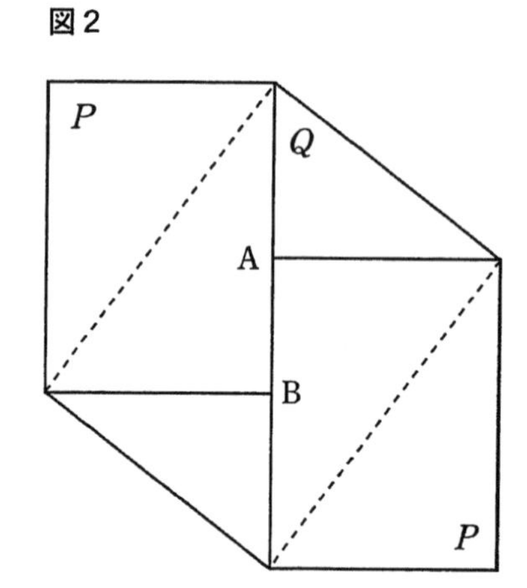

(3) 図3のように，2枚の P を重ねたところ，重なった部分（斜線部分）の長方形の周の長さは 20 cm，太線で囲まれた図形全体の面積は 360 cm^2 となった。

重なった部分（斜線部分）の長方形の短い辺の長さを求めなさい。

図3

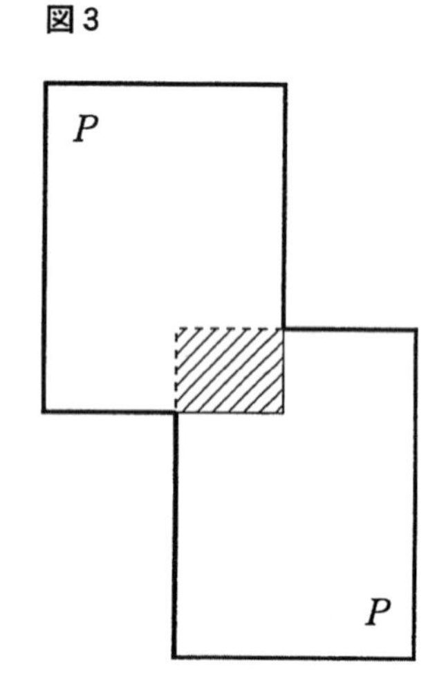

4 図1のように，2点A$\left(-\frac{7}{2},\ 1\right)$，B$(-1,\ -1)$ と，直線 $y=x-2$ 上に x 座標が a の点Cがある。

さらに，四角形ABCDが平行四辺形となるように点Dをとる。

座標軸の1目盛を1cmとするとき，次の各問いに答えなさい。

図1

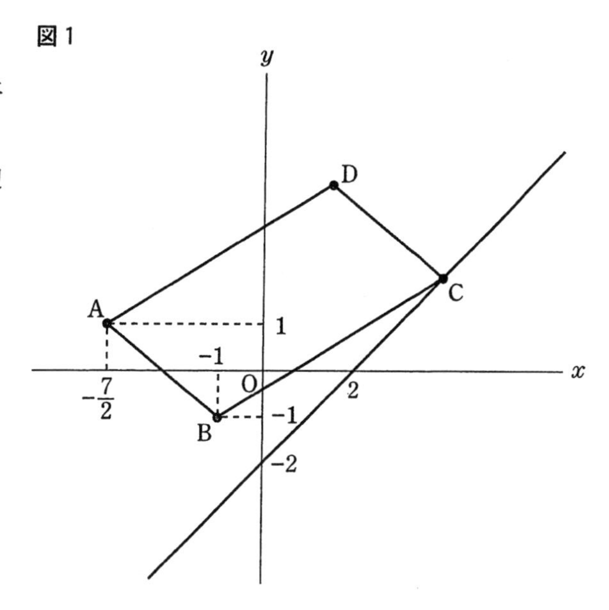

(1) 点Dの座標を a を用いた式で表しなさい。

(2) 図2のように，点Dが関数 $y=\frac{6}{x}$ $(x>0)$ のグラフ上にあるとき，x と y の積 xy は一定であることを利用して，a の値を求めなさい。

図2

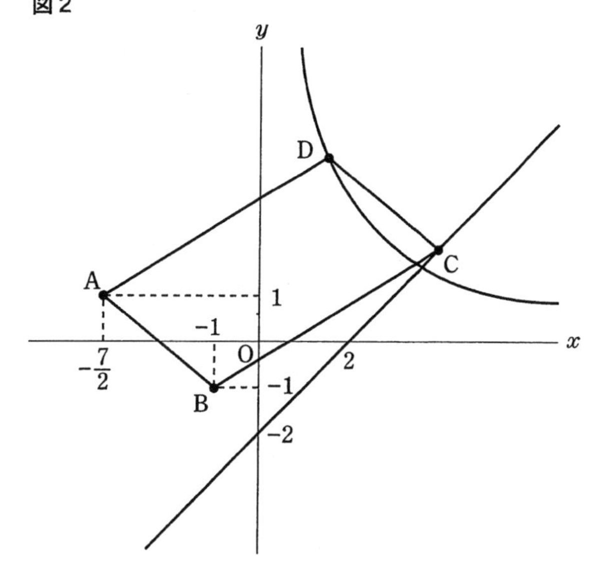

(3) (2)で求めた平行四辺形ABCDの面積を2等分する，傾き-2の直線の式を求めなさい。

5 点Oを頂点とし，1辺が4 cmの正方形PQRSを底面とする正四角すい O-PQRSがある。この正四角すいの高さは OG＝4 cm である。

点M，Nはそれぞれ辺PQ，SRの中点であり，点Lは直線ON上の点で，$\angle LMN = 45°$ である。また，Lから底面に垂線をひき，MNとの交点をHとする。

このとき，次の各問いに答えなさい。

(1) NL：LO＝2：1であることを次のように証明した。[a]～[e]に当てはまるものを，次のページの**ア**から**チ**までの中から選び，記号で答えなさい。

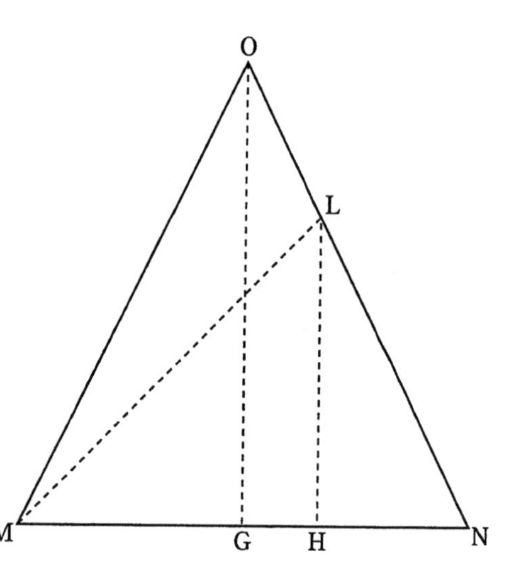

〔証明〕 △NOGと△NLHで，

OG，LHは，MNにひいた垂線だから

[a] ……………………①

共通の角だから，

$\angle ONG = \angle LNH$ ……………②

①，②より，[b]から，

△NOG∽△NLH ……………③

ここで，OG＝4，GN＝2 と③より

LH：HN＝2：1 …………④

一方，△HLMは

LH⊥MNだから， $\angle LHM = 90°$ ………………⑤

仮定より $\angle LMH = 45°$ ………………⑥

⑤，⑥より，△HLMは[c]である。

よって， LH＝MH ……………………⑦

④，⑦より MH：HN＝2：1 …………⑧

⑧とMN＝4より

HN＝[d]，GH＝[e]

△NOGで，LH // OGだから，

NL：LO＝[d]：[e]＝2：1 〔証明終わり〕

ア	OG // LH			イ	OG⊥MN
ウ	∠OGN = ∠LHN			エ	∠NOG = ∠MOG
オ	3組の辺の比がすべて等しい			カ	2組の辺の比が等しく，その間の角が等しい
キ	2組の角がそれぞれ等しい			ク	正三角形の3つの内角は等しい

ケ	直角三角形	コ	直角二等辺三角形	サ	正三角形
シ	1	ス	2	セ	$\frac{2}{3}$
ソ	$\frac{3}{2}$	タ	$\frac{3}{4}$	チ	$\frac{4}{3}$

(2) 図のように，点Lと辺PQを通る平面が辺OR，OSと交わる点を，それぞれT，Uとする。四角形PQTUの面積を求めなさい。

(3) 頂点Oから直線MLに垂線をひき，直線MLとの交点をIとする。線分OIの長さを求めなさい。

2011（平成23）年度　〈時間〉50分　〈満点〉100点

1 次の各問いに答えなさい。

(1) $\frac{1}{2}\times(-2)^3+\frac{1}{15}\times 9\div 0.3$ を計算しなさい。

(2) $\sqrt{5}\times\sqrt{15}-\frac{12}{\sqrt{3}}$ を計算しなさい。

(3) $4a^2-9b^2$ を因数分解しなさい。

(4) 2次方程式 $(x-2)^2=5$ を解きなさい。

(5) 2点 $(3,\ 3)$，$(9,\ 11)$ を通る直線の式を求めなさい。

(6) 関数 $y=ax^2$ で，x の値が 3から5 まで増加するときの変化の割合が2である。このとき，a の値を求めなさい。

(7) A，Bの2人が，右の図のような立方体の展開図にそれぞれ数字を書き，組み立ててさいころを作る。2人がさいころを同時に投げ，出た目の大きい方を勝ちとするとき，Bが勝つ確率を求めなさい。

ただし，2つのさいころは，どの目が出ることも同様に確からしいものとする。

A

	1	
3	5	7
	9	
	11	

B

	2	
4	6	8
	10	
	12	

(8) 右の図は，底面の半径が 5 cm，高さ 12 cm の円すいである。

この円すいの側面積を求めなさい。

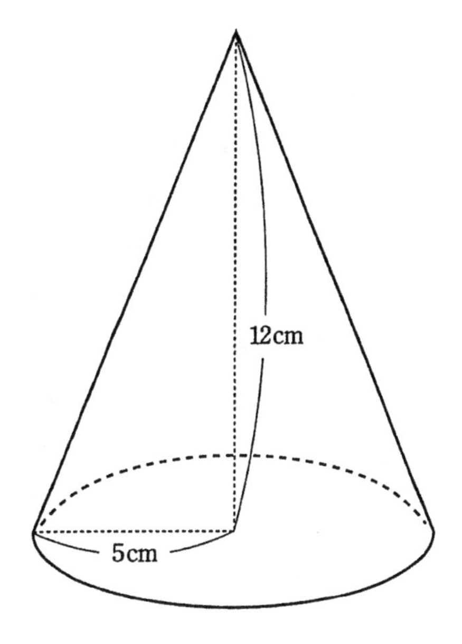

(9) 右の図で，E，F はそれぞれ線分 AB，DC 上の点で，AD，EF，BC は平行である。

AE = 4 cm，BE = 8 cm，AD = 10 cm，EF = 12 cm のとき，BC の長さを求めなさい。

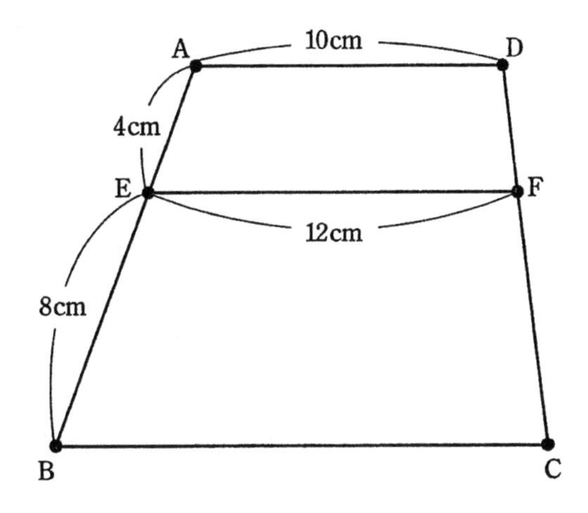

2 ある自動車工場では，自動車のボディーを塗装（とそう）するために，下塗（したぬ）りする機械Aと，上塗（うわぬ）りする機械Bを使う。

1台の車のボディーを機械Aで下塗りするには2分かかり，下塗りされたボディーを機械Bで上塗りするには4分かかる。ボディーを機械Aから機械Bに移す時間は考えずに，機械A，Bを使って，最も短い時間で塗装を仕上げるものとする。

下の図は，機械Aを1台，機械Bを2台使って塗装するときのようすを表している。たとえば，3は，塗装を始めてから3台目のボディーについて，塗装開始から4分後に機械Aで下塗りを始め，10分後に機械Bの上塗りが終了することを表している。

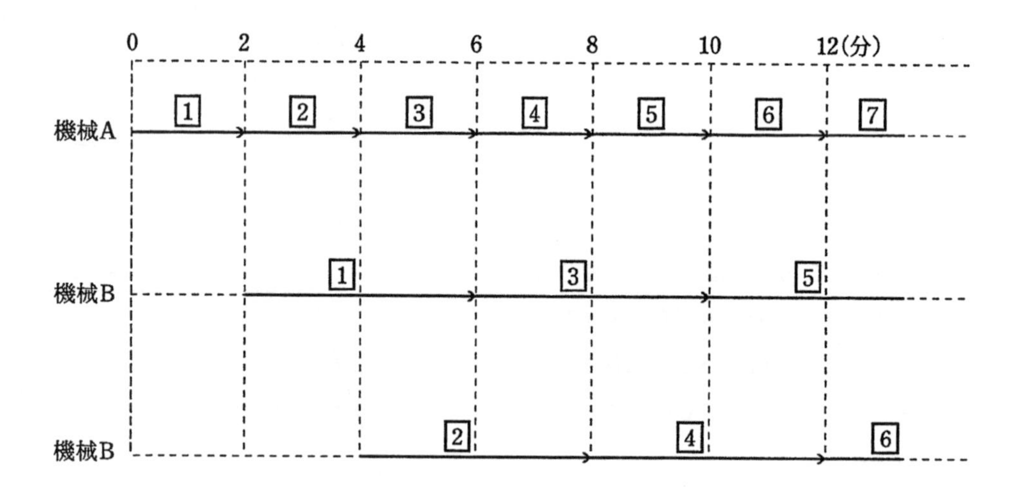

次の各問いに答えなさい。

(1) 機械Aを1台，機械Bを2台使って塗装するとき，1時間で何台のボディーを仕上げることができますか。

(2) 機械Aを2台，機械Bを3台使って塗装するとき，自動車のボディーx台が仕上がるまでの時間をy分とする。

右の図は，$x=1$から$x=3$のときまでの，xとyの関係をグラフに表したものである。

この続きをかいて，$x=4$から$x=7$のときまでのグラフを完成させなさい。

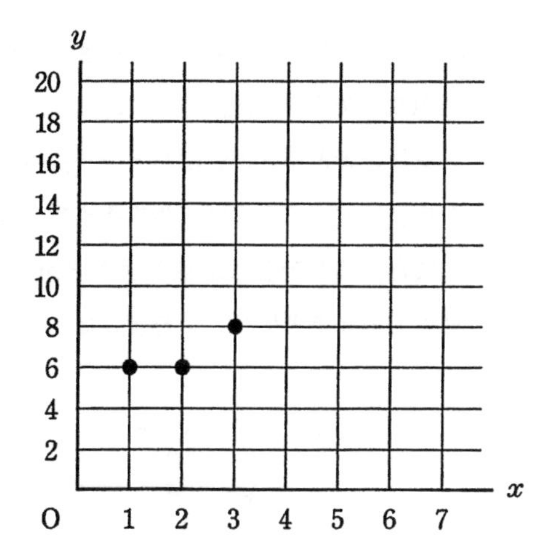

3 400 m のトラックを4人の走者でリレーした。下の図で，4区間AB，BC，CD，DAはそれぞれ100 m であり，地点Aがスタートおよびゴールの位置である。

第2走者と第3走者はバトンを受け取ってから次の走者にバトンを渡すまで，第4走者はバトンを受け取ってからゴールするまで，それぞれ一定の速さで走った。

また，第2走者は地点Bより3 m 進んだ地点でバトンを受け取り，地点Cより5 m 進んだ地点で第3走者にバトンを渡した。

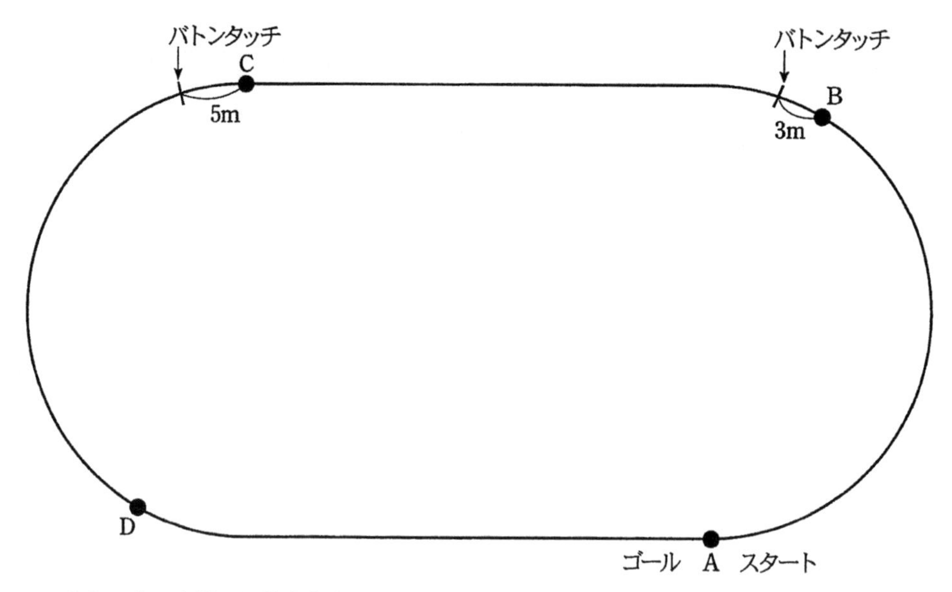

このとき，次の各問いに答えなさい。

(1) 第2走者がバトンを受け取ってから渡すまでに走った時間は15秒であった。
第2走者の走った速さを求めなさい。

(2) 第3走者は秒速6.6 m で走り，第4走者は秒速6 m で走った。また，第3走者がバトンを受け取ってから第4走者がゴールするまでにかかった時間は31秒であった。
第3走者の走った時間と距離を求めなさい。

(3) 第1走者は地点Aから18 m までの区間を加速しながら走った。この18 m の区間内では，スタートしてから x 秒後までに走った距離が $\frac{1}{3}x(2x+3)$ m であった。
第1走者がこの18 m の区間を走った時間を求めなさい。

4 図１の四角形ABCDと四角形EFGHは合同な正方形である。2点P，Qは，正方形ABCDの辺上を，点Rは正方形EFGHの辺上を，それぞれ次の規則にしたがって動く。

図１

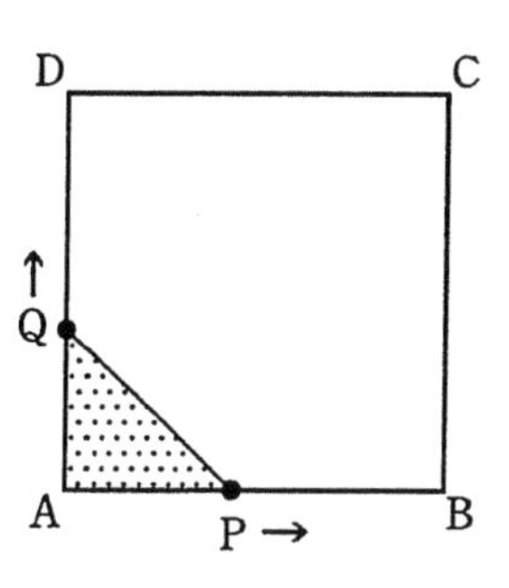

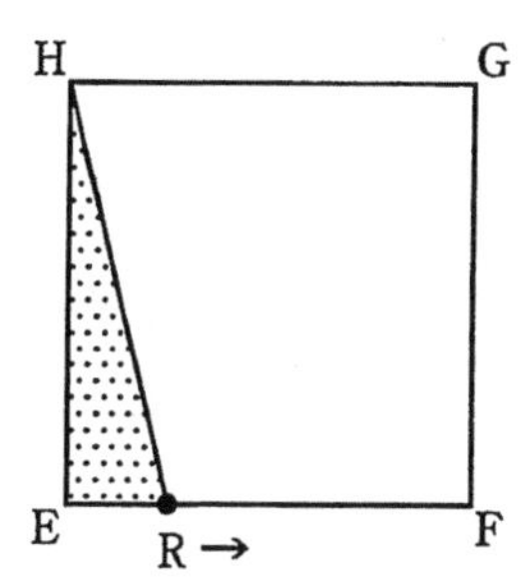

・2点P，Qは頂点Aを，また，点Rは頂点Eをそれぞれ同時に出発する。

・点Pは，辺AB上を一定の速さで1往復し，点Aで停止する。

・点Qは，辺AD上を点Pと同じ速さで点Aから点Dまで移動し，点Dで停止する。

・点Rは，辺EF上を点Pの$\frac{1}{2}$の速さで点Eから点Fまで移動し，点Fで停止する。

また，2点P，Qが頂点Aを出発してからx秒後の△APQの面積を$y$cm^{2}とするとき，点Pが点Aから点Bまで移動する間のxとyの関係をグラフに表すと，図２のような放物線になる。

このとき，次の各問いに答えなさい。

図２

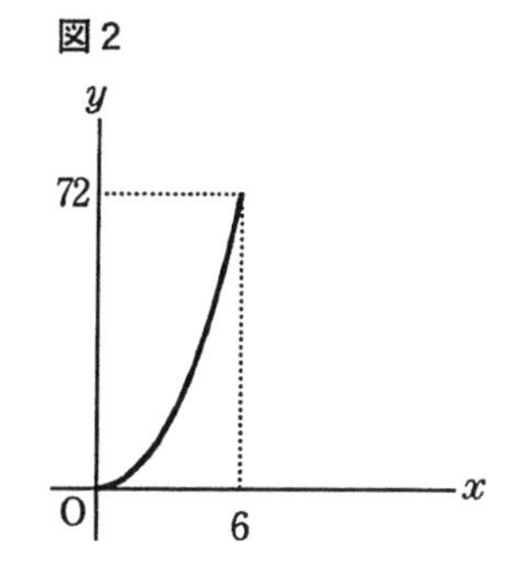

(1) 正方形ABCDの1辺の長さ，および点Pの速さをそれぞれ求めなさい。

⑵　点Pが点Bから点Aにもどるまでのxとyの関係を，図2のグラフにかき加えると，どのようになるか。次のア～エの中から正しいものを1つ選び，記号で答えなさい。

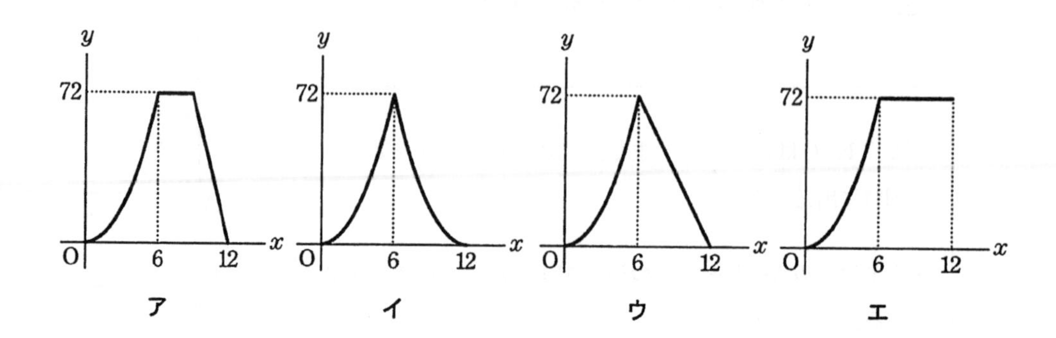

⑶　点Pが点Bから点Aにもどるときに，△APQと△ERHの面積が等しくなるのは，点Pが点Aを出発してから何秒後ですか。

5 図のように，半径の等しい円O，O′が2点E，Fで交わっている。Eを通る直線が円O，O′とそれぞれ，A，Bで交わり，Fを通る直線が円O，O′とそれぞれ，C，Dで交わっている。

AB // CDとするとき，次の各問いに答えなさい。

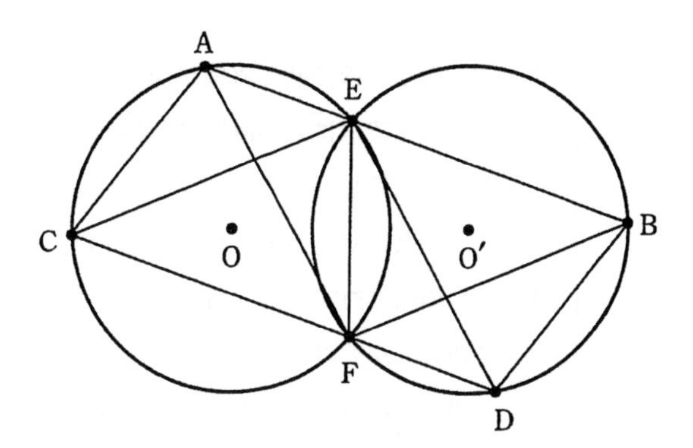

(1) △BFE ≡ △CEFであることを次のように証明した。

[a] ～ [d] に当てはまるものを，下の**ア**から**ク**までの中から選び，記号で答えなさい。

〔証明〕 △BFEと△CEFにおいて

EFは共通 ……………………①

[a] から

∠BEF = ∠CFE ……………②

一方，△O′EFと△OEFについて

O′E= OE ……………………③

O′F= OF ……………………④

①，③，④より，[b] から

△O′EF≡ △OEF

これから

∠EO′F= ∠EOF

よって，[c] から

∠FBE = ∠ECF ……………⑤

また

∠BFE = 180° − ∠BEF − ∠FBE

∠CEF = 180° − ∠CFE − ∠ECF

であるから，②，⑤より

∠BFE = ∠CEF ……………⑥

①，②，⑥より，[d] から

△BFE ≡ △CEF

〔証明終わり〕

ア	平行な2直線に他の直線が交わったときにできる同位角は等しい
イ	平行な2直線に他の直線が交わったときにできる錯角は等しい
ウ	対頂角は等しい
エ	1つの弧に対する円周角の大きさは，その弧に対する中心角の大きさの半分である
オ	1つの弧に対する円周角の大きさは，一定である
カ	3組の辺がそれぞれ等しい
キ	2組の辺がそれぞれ等しく，その間の角が等しい
ク	1組の辺が等しく，その両端の角がそれぞれ等しい

(2)　CF＝2AEのとき，次の問いに答えなさい。

(i)　AFとCEの交点をGとすると，△ACGの面積は，四角形ACDBの面積の何倍ですか。

(ii)　CEが∠ACFの2等分線で，円Oの半径を4cmとするとき，OO′の長さを求めなさい。

1 次の各問いに答えなさい。

(1) $\left(\frac{2}{3}-\frac{3}{4}\right)\times 24$ を計算しなさい。

(2) $-\frac{\sqrt{15}}{\sqrt{5}}+\sqrt{6}\times\sqrt{18}$ を計算しなさい。

(3) $x=\sqrt{3}-2$ のとき，$x^2-6x-16$ の値を計算しなさい。

(4) 連立方程式 $\begin{cases} 4x-5y=2 \\ 3x-4y=1 \end{cases}$ を解きなさい。

(5) 関数 $y=\frac{1}{2}x^2$ で，x の値が 2 から 6 まで増加するときの変化の割合を求めなさい。

(6) 関数 $y=ax+b$ で，x の変域が $-3 \leqq x \leqq 6$ のときの y の変域が $-2 \leqq y \leqq 4$ であるという。$a<0$ となる a，b の値をそれぞれ求めなさい。

(7) 図のように，自由に回転できる4つの輪でできた鍵（かぎ）があり，どの輪にも，0，1，2，3，4の数が書かれている。▽に並んだ数を上から順に a，b，c，d とするとき，$a=b$ であり，$c+d=5$ となる場合の数は何通りありますか。

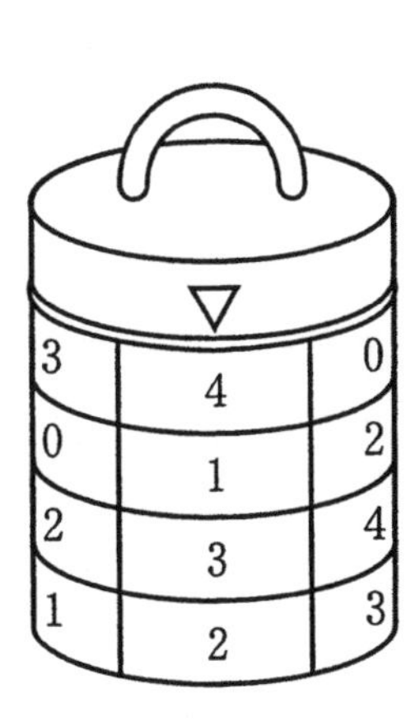

(8) 下の図のように，半径1の円Oが点Pで直線ℓに接している。

OQ // ℓとし，ℓ上に点Rをとって2点Q，Rを線分で結ぶとき，斜線部分のおうぎ形の面積が $\frac{7}{12}\pi$ になる。このとき，$\angle x$の大きさを求めなさい。

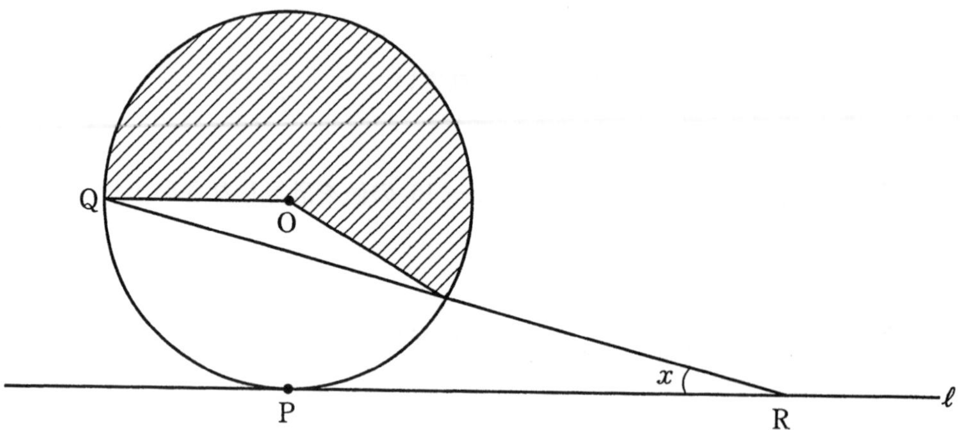

(9) 下の図の四角形ABCDは，AB = 7 cm，AD = 5 cm，$\angle$A = 60° の平行四辺形である。$\angle$Aの二等分線とBCの延長線との交点をEとするとき，AEの長さを求めなさい。

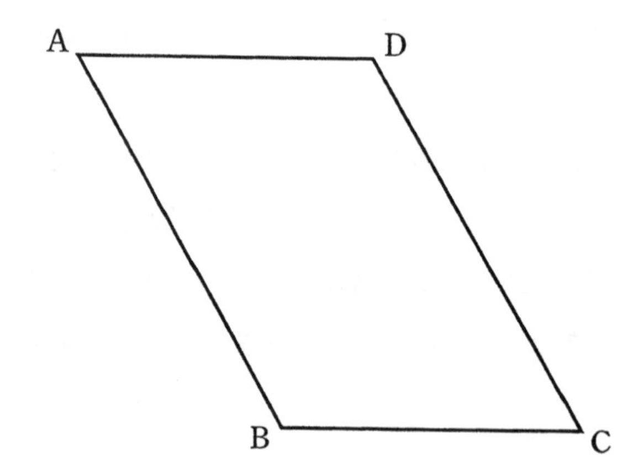

2 次の各問いに答えなさい。

(1) ある牛丼(どん)店のメニューには，右のように品物ごとに，肉とご飯の合計のカロリーが示されている。

並盛りの肉とご飯のカロリーをそれぞれ求めなさい。

<メニュー>

並盛り　350円　700カロリー

大盛りA　450円　880カロリー
（注）ご飯のみ並盛りより多め

大盛りB　550円　1140カロリー
（注）ご飯は大盛りAと同じで肉は並盛りの2倍

(2) 円Oの周上に，次の条件①，②をみたす5点A，B，C，D，Eをとる。

① AD，CEは円Oの直径

② AD // BC

さらに，点Aを通る円Oの接線と直線DEとの交点をFとする。右の図のように各点を結ぶとき，下の(ア)〜(ウ)の三角形の関係で，正しいものには○を，正しくないものには×を，解答欄に記入しなさい。

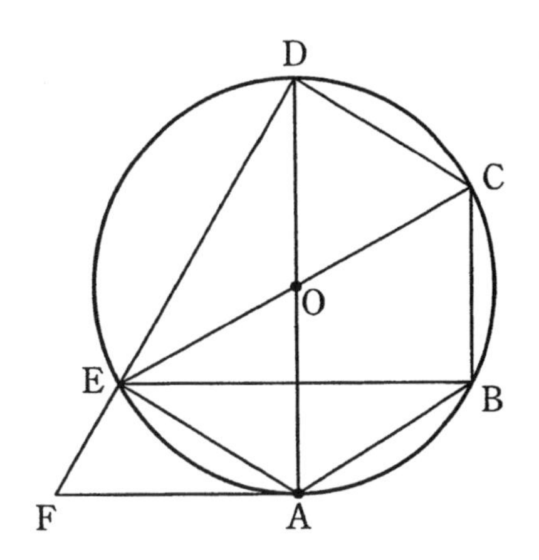

(ア) $\triangle ADE \equiv \triangle FDA$

(イ) $\triangle ADE \equiv \triangle CED$

(ウ) $\triangle ADE \equiv \triangle CEB$

3 図のように，直線 $y=3x$ と，$x>0$ を変域とする双曲線 $y=\frac{12}{x}$ があり，点(2，6)で交わっている。

直線 $y=3x$ 上に点Pをとる。点Pから x 軸，y 軸に平行な直線をひき，双曲線との交点をそれぞれA，Bとし，y 軸，x 軸との交点をそれぞれC，Dとする。

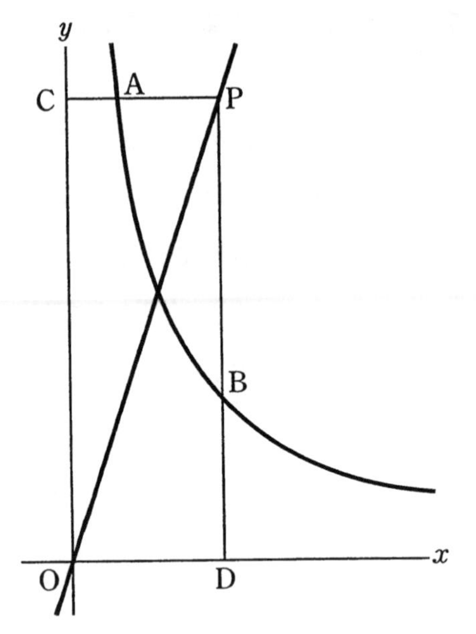

点Aの座標を$(a,\ b)$とおくとき，次の各問いに答えなさい。

(1) $a=\frac{2}{3}$ のとき，点Bの座標を求めなさい。

(2) 点Pのx座標が2より大きいときのACとBDの比を次のように求めた。 ア 〜 オ に当てはまるものを下の**語群**から選び，答えなさい。

$(a,\ b)$は双曲線 $y=\dfrac{12}{x}$ 上の点であるから，

$ab=$ ア …… ①

また，点Pは直線 $y=3x$ 上にあるから，点Pのx座標は イ である。

したがって，点Bのx座標も イ である。

ここで，点Bのy座標をcとおくと，

イ $\times\ c=$ ア …… ②

①，②から

イ $\times\ c=ab$

よって，

$c=$ ウ

以上より

AC : BD $=a$: ウ

よって，最も簡単な整数の比は

AC : BD = エ : オ

〔**語群**〕

1，	2，	3，	4，	6，	12，
a，	$2a$，	$3a$，	$4a$，	$6a$，	$12a$，
b，	$\dfrac{b}{2}$，	$\dfrac{b}{3}$，	$\dfrac{b}{4}$，	$\dfrac{b}{6}$，	$\dfrac{b}{12}$

(3) $b=12$ のとき，直線ABの式を求めなさい。

4 図1のように，

AD ＜ 2AB

の長方形ABCDで，辺ADの中点をMとする。

この長方形を，MB，MCを折り目として折り曲げ，2点A，Dが1点で重なるようにする。この点をOと改めて，図2のような三角すいM－OBCを作った。

次の各問いに答えなさい。

図1

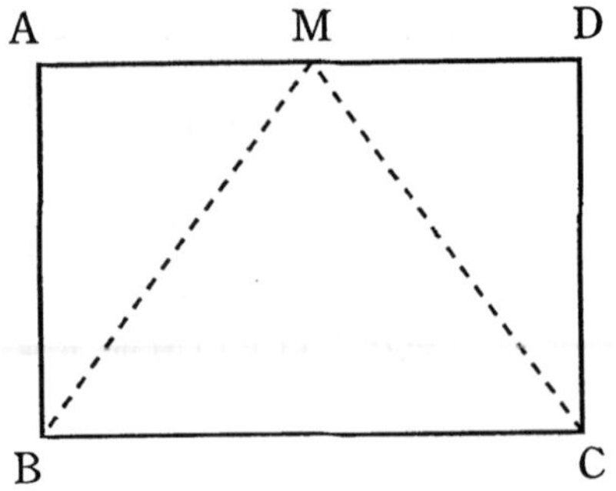

(1) 辺MOが，底面OBCに垂直であることを説明するときに使う条件および，根拠となることがらとして正しいものを，下のア～ケの中から3つ選び，記号で答えなさい。

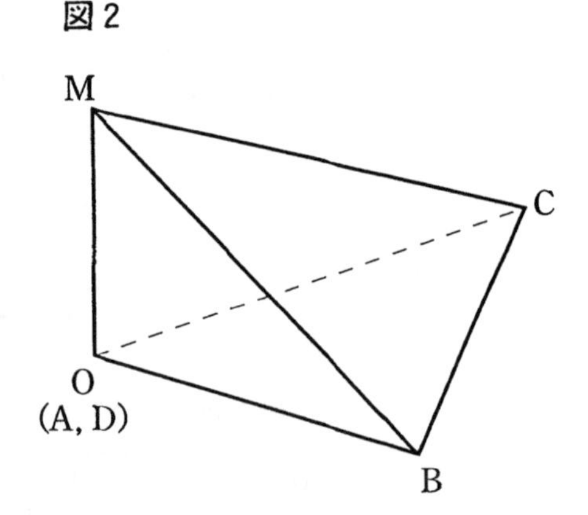

図2

ア　∠BMO = 90°	イ　∠CMO = 90°	ウ　∠BMC = 90°
エ　∠MOB = 90°	オ　∠MOC = 90°	カ　∠BOC = 90°

キ　平面Pに交わる直線は，その交点を通る平面P上の1直線に垂直ならば，平面Pに垂直である。

ク　平面Pに交わる直線は，その交点を通る平面P上の2直線に垂直ならば，平面Pに垂直である。

ケ　平面Pに交わる直線は，その直線を含む平面と平面Pが垂直ならば，平面Pに垂直である。

(2) **図2**で，OB＝8 cm，BC＝12 cm のとき，次のものを求めなさい。

(i) 三角すいM－OBCの体積

(ii) △MBCを底面としたとき，この三角すいの高さ

5 縦 20 cm，横 40 cm の長方形がある。次の各問いに答えなさい。

(1) 長方形の横を 30 % 短くするとき，縦を何 % 長くすれば正方形になりますか。

(2) 長方形の横と縦を同じ長さだけ短くしたところ，面積が元の長方形の 48 % になった。何 cm 短くしたかを求めなさい。

(3) 長方形の横を x % 短くし，縦を x % 長くしたところ，周の長さが 2 cm 短くなった。x の値を求めなさい。

解答例と解説

2019(平成31)年度　解答例と解説

《解答例》

1　(1)(ア)－　(イ)7　(ウ)1　(エ)0　(2)(オ)1
(3)(カ)3　(キ)1　(ク)3　(ケ)2
(4)(コ)－　(サ)3　(シ)2　(5)(ス)7　(セ)3　(ソ)2
(6)(タ)4　(チ)5　(ツ)4　(7)(テ)7　(ト)5
(8)(ナ)4　(ニ)9

2　(1)(ア)3　(イ)6　(ウ)3　(エ)9　(オ)0
(2)(カ)1　(キ)5　(ク)5　(ケ)2　(コ)2　(サ)4

3　(1)(ア)3　(2)(イ)2　(ウ)1
(3)(エ)－　(オ)2　(カ)7　(キ)3　(ク)7
(4)(ⅰ)(ケ)8　(コ)9　(ⅱ)(サ)3　(シ)3

4　(1)(ア)4　(イ)5　(2)(ウ)1　(エ)0　(3)(オ)9
(4)(カ)2　(キ)5　(ク)8　(5)(ケ)3

《解　説》

1　(1)　与式$=\frac{2}{3}\times(-\frac{9}{4})+4\times\frac{1}{5}=-\frac{3}{2}+\frac{4}{5}=-\frac{15}{10}+\frac{8}{10}=-\frac{7}{10}$

(2)　与式$=\frac{1}{\sqrt{75}}\times\frac{\sqrt{45}}{2}\times\frac{\sqrt{20}}{\sqrt{3}}=\frac{\sqrt{4}}{2}=\frac{2}{2}=1$

(3)　2次方程式の解の公式より，

$x=\frac{-(-3)\pm\sqrt{(-3)^2-4\times1\times(-1)}}{2\times1}=\frac{3\pm\sqrt{13}}{2}$

(4)　反比例の式は$y=\frac{a}{x}$と表せるので，

この式に$x=2$，$y=9$を代入すると，$9=\frac{a}{2}$より，$a=18$

$y=\frac{18}{x}$に$x=2$を代入すると，$y=\frac{18}{2}=9$となり，$x=6$を代入すると，

$y=\frac{18}{6}=3$となるから，

求める変化の割合は，$\frac{(y\text{の増加量})}{(x\text{の増加量})}=\frac{3-9}{6-2}=-\frac{3}{2}$

(5)　5枚の硬貨をすべて区別して考える。硬貨は全部で5枚あるから，表裏の全部の出方は，$2^5=32$(通り)ある。表が出た硬貨の合計が150円となるのは，100円硬貨1枚と50円硬貨1枚だけが表になる場合か，50円硬貨3枚だけが表になる場合のいずれかである。

100円硬貨1枚と50円硬貨1枚だけが表になる場合，表になる硬貨の選び方は，100円硬貨が2通り，50円硬貨が3通りだから，$2\times3=6$(通り)ある。

50円硬貨3枚だけが表になる場合，表になる硬貨の選び方は1通りある。したがって，表が出た硬貨の合計が150円となる出方は，$6+1=7$(通り)ある。よって，求める確率は，$\frac{7}{32}$である。

(6)　平均値は，$(1+0+2+10+8+6+1+5+9+3)\div10=4.5$(点)

10人の中央値は，$10\div2=5$より，少ない方(または多い方)から5番目と6番目の冊数の平均である。

冊数を少ない順に並べると，0，1，1，2，3，5，…となるから，

中央値は，$(3+5)\div2=4$(冊)

(7)　等しい弧に対する円周角は等しいから，右図のように角度がわかる。

円周角の定理より，∠EBC＝∠EAC＝15＋15＝30(°)

ACが直径だから，∠ABC＝90°なので，∠ABF＝90－30＝60(°)

三角形の1つの外角は，これととなり合わない2つの内角の和に等しいから，

△ABFにおいて，∠AFE＝∠BAF＋∠ABF＝15＋60＝75(°)

(8)　右のように作図し，

AB＝DC＝a，AD＝BC＝bとする。

△HED∽△HBCが成り立ち，相似比はED：BC＝$\frac{1}{3}$b：b＝1：3だから，

HD：HC＝1：3である。これより，

DC：HC＝2：3だから，HC＝$\frac{3}{2}$a

△FBG∽△CHGが成り立つので，

FG：CG＝BF：HC＝$\frac{2}{3}$a：$\frac{3}{2}$a＝4：9

2　(1)　右図Ⅰや図Ⅱのように，一番外側の鉛筆を破線で囲んだ6つのグループに分けて考える。すると，一番外側の鉛筆の本数は，1周目が$1\times6=6$(本)，2周目が$2\times6=12$(本)，…とわかる。よって，n周目は6n本だから，6周目は，$6\times6=36$(本)である。

また，一番外側の鉛筆の底面の六角形は，3本の辺が外側に出ている六角形(図Ⅱの場合，斜線の六角形)と，2本の辺が外側に出ている六角形(図Ⅱの場合，色つきの六角形)に分けることができる。6周目の一番外側の六角形では，1つの破線の中に6個の六角形があり，斜線の六角形が1個と色つきの六角形が$6-1=5$(個)だから，外側の辺は$3+2\times5=13$(本)ある。したがって，一番外側の辺の長さの合計は，$5\times13\times6=390$(mm)

(2)　正六角形は6つの合同な正三角形に分けることができる。図2の2段の図で正六角形を合同な正三角形に分けると，下図Ⅲのようになる。

AB＝$5\times3=15$(mm)であり，BCの長さは正三角形の1辺の長さの半分の$\frac{5}{2}$mmとわかる。4段の高さも，図Ⅳのように15mmの部分2つと$\frac{5}{2}$mmの部分1つに分けることができる。このように，高さを15mmの部分と$\frac{5}{2}$mmの部分に分けて考える。床に接する鉛筆が2n本の場合，2n段の鉛筆が束ねられることになり，その高さは，15mmの部分がn個と，$\frac{5}{2}$mmの部分1つに分けられる。したがって，高さは，$(15n+\frac{5}{2})$mmである。束の高さが182.5mmのとき，$15n+\frac{5}{2}=182.5$を解くと$n=12$となるから，床に接する鉛筆は$2\times12=24$(本)である。

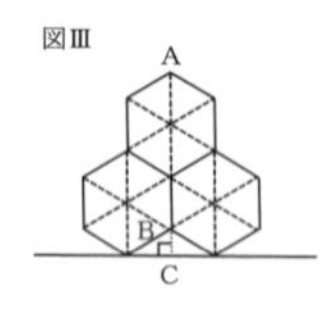

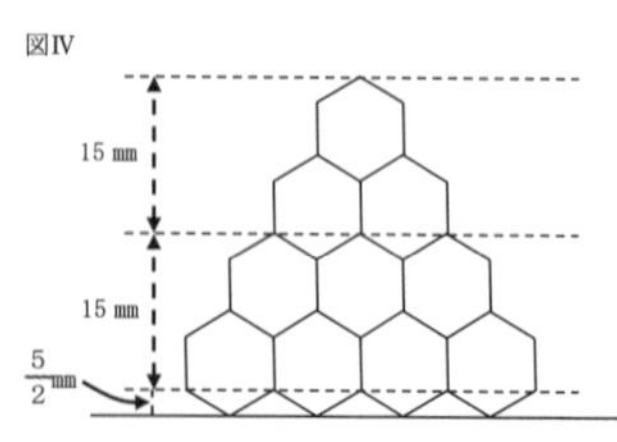

3　(1)　$y=ax^2$のグラフは上に開いた放物線だから，xの絶対値が大きいほどyの値は大きくなる。

したがって，$-\frac{1}{3}\leqq x\leqq1$ならば$x=1$のときに$y$は最大値の3となるから，$y=ax^2$に$x=1$，$y=3$を代入すると，$3=a\times1^2$より，$a=3$

(2)　Aは放物線$y=3x^2$上の点だから，$x=1$を代入すると

$y=3\times1^2=3$となるので，A(1，3)である。

同様に求めると，B$(-\frac{1}{3}，\frac{1}{3})$とわかる。$y=mx+n$にAの座標を代入すると，$3=m+n$となり，Bの座標を代入すると，$\frac{1}{3}=-\frac{1}{3}m+n$となる。これらを連立方程式として解くと，$m=2$，$n=1$となる。

〔別の解き方〕

放物線$y=kx^2$上にある，x座標がbとcの2点を通る直線の傾きは，

k（b＋c）で求められる。したがって，直線ＡＢの傾きmは，

$m=a\{(\text{Aの}x\text{座標})+(\text{Bの}x\text{座標})\}=3(1-\frac{1}{3})=2$と求められる。

よって，直線ＡＢ上において，Ａ（1，3）からx座標を１減らすとy座標は２減るから，$n=3-2=1$

(3)　放物線$y=3x^2$の式とＰのx座標$\frac{1}{2}$から，$P(\frac{1}{2},\ \frac{3}{4})$とわかる。

Ｓはy軸についてＰと対称なので，$S(-\frac{1}{2},\ \frac{3}{4})$である。

これより，直線ＯＳの傾きは$\frac{3}{4}\div(-\frac{1}{2})=-\frac{3}{2}$だから，直線ＯＳの式は$y=-\frac{3}{2}x$である。

直線ＡＢの式$y=2x+1$と直線ＯＳの式$y=-\frac{3}{2}x$を連立方程式として解くと，$x=-\frac{2}{7}$，$y=\frac{3}{7}$となるから，交点の座標は，$(-\frac{2}{7},\ \frac{3}{7})$である。

(4)　Ｐのx座標をpとする（$0\leqq p\leqq 1$）と，放物線$y=3x^2$の式から，$P(p,\ 3p^2)$，$S(-p,\ 3p^2)$と表せる。Ｑのx座標はpだから，直線$y=2x+1$の式から$Q(p,\ 2p+1)$と表せる。

（ⅰ）　平行四辺形（長方形は平行四辺形に含まれる）の面積を２等分する直線は，２本の対角線の交点を通る直線である。平行四辺形の２本の対角線は互いの中点で交わるから，ＱＳの中点が直線ＡＢ上にあればよい。Ｑは直線ＡＢ上の点だから，ＱＳの中点が直線ＡＢ上にあるということは，右図のようにＳがＢと重なるということである。したがって，ＳとＢのx座標が等しくなればよいので，

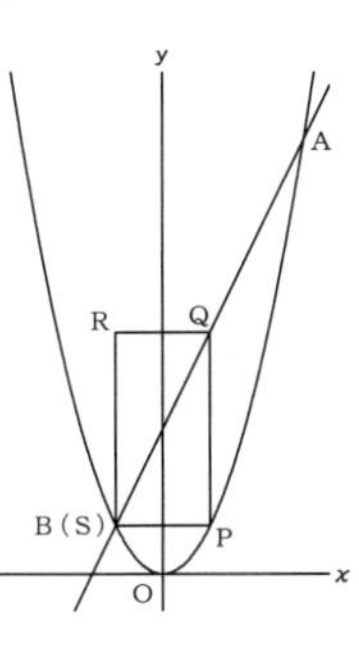

$-p=-\frac{1}{3}$より，$p=\frac{1}{3}$

これは$0\leqq p\leqq 1$を満たす。

$QP=(\text{Qの}y\text{座標})-(\text{Pの}y\text{座標})=(2p+1)-3p^2=-3p^2+2p+1$

と表せるから，$p=\frac{1}{3}$を代入すると，$-3\times\frac{1}{9}+\frac{2}{3}+1=\frac{4}{3}$となる。

$SP=(\text{Pの}x\text{座標})-(\text{Sの}x\text{座標})=p-(-p)=2p$と表せるから，

$p=\frac{1}{3}$を代入すると，$2\times\frac{1}{3}=\frac{2}{3}$となる。

よって，このときの長方形ＰＱＲＳの面積は，$\frac{4}{3}\times\frac{2}{3}=\frac{8}{9}$

（ⅱ）　（ⅰ）の解説より，$QP=-3p^2+2p+1$，

$SP=2p$と表せる。長方形ＰＱＲＳが正方形となるとき，ＱＰ＝ＳＰだから，$-3p^2+2p+1=2p$を解くと，$p=\pm\frac{\sqrt{3}}{3}$となる。

$0\leqq p\leqq 1$より，$p=\frac{\sqrt{3}}{3}$である。

4　(1)　円すいＡの底面の半径をa㎝，側面のおうぎ形の半径をb㎝とすると，底面の円周と側面のおうぎ形の弧の長さが等しいことから，

$2\pi a=2\pi b\times\frac{240}{360}$が成り立ち，整理すると，$b=\frac{3}{2}a$となる。

したがって，右のように作図できる。

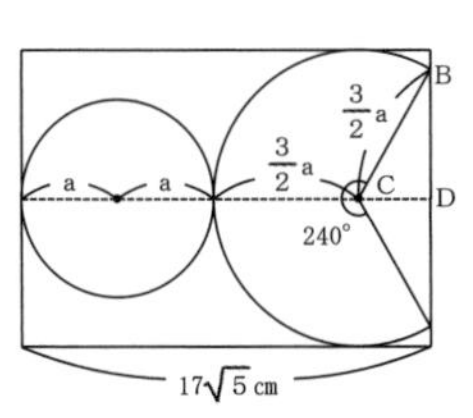

$\angle BCD=(360-240)\div 2=60(°)$だから，△ＢＣＤは３辺の比が$1:2:\sqrt{3}$の直角三角形なので，$CD=\frac{1}{2}BC=\frac{1}{2}\times\frac{3}{2}a=\frac{3}{4}a$（㎝）

よって，$a+a+\frac{3}{2}a+\frac{3}{4}a=17\sqrt{5}$を解くと，$a=4\sqrt{5}$となるから，円すいＡの底面の半径は$4\sqrt{5}$㎝である。

(2)　(1)の解説より，側面のおうぎ形の半径は$\frac{3}{2}\times 4\sqrt{5}=6\sqrt{5}$（㎝）だから，

円すいＡを頂点と底面の中心を通るように切断すると，断面は右図のようになり，高さはＥＧの長さである。

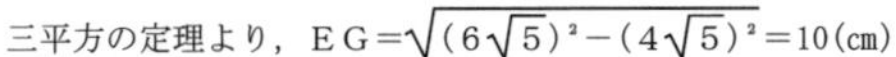

三平方の定理より，$EG=\sqrt{(6\sqrt{5})^2-(4\sqrt{5})^2}=10$（㎝）

(3)　図２において，球Ｏの中心と円すいＡの底面の中心（Ｇとする）を通るように切断すると，断面は右図のようになる。

図の△ＥＯＨは△ＥＦＧと相似であることを利用して，ＯＥの長さを求める。

△ＯＥＦはＯＥ＝ＯＦの二等辺三角形なので，ＨはＥＦの中点となるから，

$EH=\frac{1}{2}EF=\frac{1}{2}\times 6\sqrt{5}=3\sqrt{5}$（㎝）

(2)の解説の図で，△ＥＦＧの３辺の比は，

$FG:EG:EF=4\sqrt{5}:10:6\sqrt{5}=2:\sqrt{5}:3$となる。

したがって，△ＥＯＨの３辺の比も同様なので，

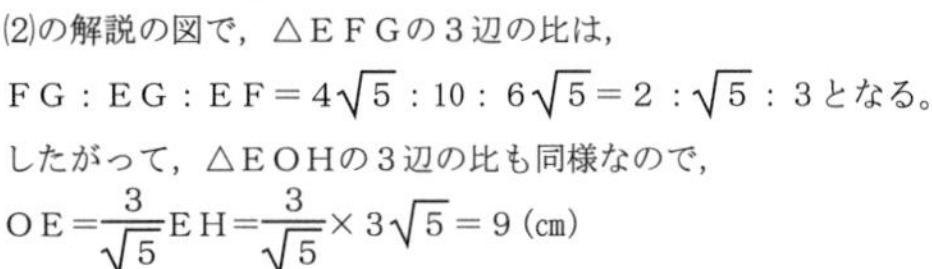

$OE=\frac{3}{\sqrt{5}}EH=\frac{3}{\sqrt{5}}\times 3\sqrt{5}=9$（㎝）

よって，球Ｏの半径は9㎝である。

(4)　ここまでの解説をふまえる。図３において，球Ｏ′の中心と円すいＡの底面の中心（Ｇとする）を通るように切断すると，断面は右図のようになる。

図の△ＥＯ′Ｉは△ＥＦＧと相似であることを利用する。球Ｏ′の半径をr㎝とし，ＥＧの長さについてrの方程式を立てて解けばよい。

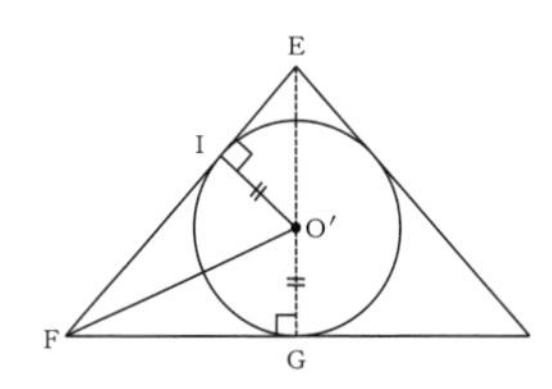

△ＥＯ′Ｉの３辺の長さの比は△ＥＦＧと同様に$2:\sqrt{5}:3$だから，

$EO'=\frac{3}{2}O'I=\frac{3}{2}r$である。したがって，ＥＧの長さについて，

$\frac{3}{2}r+r=10$より，$r=4$　　これより，$W=\frac{4}{3}\pi\times 4^3=\frac{256}{3}\pi$（㎤）

$V=\frac{1}{3}\times(4\sqrt{5})^2\pi\times 10=\frac{800}{3}\pi$（㎤）だから，

$V:W=\frac{800}{3}\pi:\frac{256}{3}\pi=25:8$

(5)　(3)の解説の図で，ＥＯ＝9㎝であり，

(4)の解説の図で，$EO'=\frac{3}{2}\times 4=6$（㎝）だから，

点Ｏと点Ｏ′の間の距離は，$9-6=3$（㎝）

2018(平成30)年度　解答例と解説

《解答例》

1　(1)(ア)－　(イ)7　(2)(ウ)4　(エ)5　(オ)3
(3)(カ)5　(4)(キ)－　(ク)1　(ケ)4
(5)(コ)3　(サ)－　(シ)5　(6)(ス)7　(セ)1　(ソ)8
(7)(タ)5　(チ)0　(ツ)1　(テ)6　(8)(ト)5　(ナ)2
(9)(ニ)4　(ヌ)1　(10)(ネ)7　(ノ)8

2　(1)(ア)2　(イ)3　(ウ)4　(エ)8　(オ)5　(カ)1　(キ)1
(2)(ク)7　(ケ)1　(コ)1　(サ)0

3　(1)(ア)f　(イ)k　(ウ)e　(エ)i　(オ)c
(2)(カ)8　(キ)5　(ク)1　(ケ)6　(コ)5
(サ)2　(シ)4　(ス)0

4　(1)(ア)2　(イ)5　(ウ)3　(2)(エ)5　(オ)2　(カ)4
(3)(キ)1　(ク)1　(ケ)2　(コ)0　(4)(サ)7　(シ)5
(5)(ス)1　(セ)2

《解　説》

1　(1)　与式$=-4-\frac{4}{3}\div\frac{4}{9}=-4-\frac{4}{3}\times\frac{9}{4}=-4-3=-7$

(2)　与式$=\frac{10\sqrt{5}}{5}-\frac{2\sqrt{5}}{3}=2\sqrt{5}-\frac{2\sqrt{5}}{3}=\frac{6\sqrt{5}}{3}-\frac{2\sqrt{5}}{3}=\frac{4\sqrt{5}}{3}$

(3)　与式$=x(x-y+3)=(\sqrt{7}-\sqrt{2})\{(\sqrt{7}-\sqrt{2})-(3-2\sqrt{2})+3\}=(\sqrt{7}-\sqrt{2})(\sqrt{7}-\sqrt{2}-3+2\sqrt{2}+3)=(\sqrt{7}-\sqrt{2})(\sqrt{7}+\sqrt{2})=7-2=5$

(4)　$y=\frac{12}{x}$に$x=2$を代入すると$y=\frac{12}{2}=6$，$x=4$を代入すると$y=\frac{12}{4}=3$となる。

したがって，xの値が2から4まで増加するときの変化の割合は，$\frac{(y\text{の増加量})}{(x\text{の増加量})}=\frac{3-6}{4-2}=-\frac{3}{2}$

$y=ax^2$に$x=2$を代入すると$y=4a$，$x=4$を代入すると$y=16a$となる。よって，変化の割合について方程式を立てて解くと，

$\frac{16a-4a}{4-2}=-\frac{3}{2}$　$6a=-\frac{3}{2}$　$a=-\frac{1}{4}$

(5)　$y=-2x+a$のグラフは右下がりの直線だから，xの値が大きくなるほどyの値は小さくなる。したがって，$x=-1$のときyは最大値の5となるから，$5=-2\times(-1)+a$より，$a=3$　$x=4$のときyは最小値のbとなるから，$b=-2\times4+3$より，$b=-5$

(6)　大小2つのさいころの目の出方は全部で$6\times6=36$(通り)ある。そのうち条件に合う出方は右表の○印の14通りだから，求める確率は，$\frac{14}{36}=\frac{7}{18}$

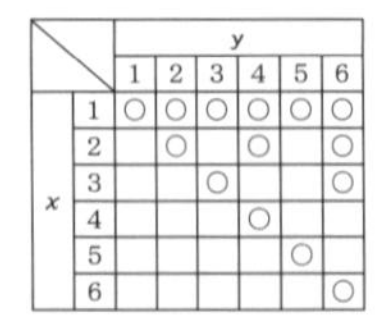

		y					
		1	2	3	4	5	6
x	1	○	○	○	○	○	○
	2		○		○		○
	3			○			○
	4				○		
	5					○	
	6						○

(7)　1分間あたりの脈拍数が75回以上の生徒は，$3+1+1=5$(人)

また，60回以上65回未満の階級の相対度数は，$\frac{4}{25}=0.16$

(8)　∠DOEの角度から∠DAEの角度を求められるので，∠DOEの角度を求めることを考える。右のように作図する。

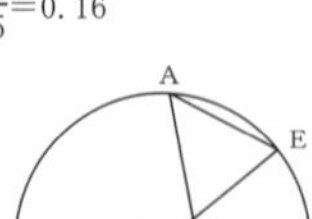

△CBDの内角の和より，

$\angle a+\angle b=180°-142°=38°$

中心角は，同じ弧に対する円周角の2倍の大きさだから，

$\angle BOD=\angle COD+\angle COB=2\angle a+2\angle b=2(\angle a+\angle b)=2\times38°=76°$

これより，$\angle DOE=180°-76°=104°$

円周角は，同じ弧に対する中心角の半分の大きさだから，

$\angle DAE=\frac{1}{2}\angle DOE=\frac{1}{2}\times104°=52°$

(9)　△ABC∽△DCEだから，∠ABC＝∠DCE，∠ACB＝∠DEC

したがって，同位角が等しいので，

AB//DC，AC//DE

このため，右図のように等しい角がわかる。△ABF∽△DGHとわかるから，その相似比がわかれば面積比(S：T)を求めることができる。

△ABF∽△CGFより，AB：CG＝AF：CF

$12:CG=9:3$　$CG=\frac{12\times3}{9}=4$(cm)

△ABC∽△DCEで相似比が6：5だから，

$DC=\frac{5}{6}AB=\frac{5}{6}\times12=10$(cm)　$DG=DC-CG=10-4=6$(cm)

△ABF∽△DGHで相似比がAB：DG＝12：6＝2：1だから，

$S:T=2^2:1^2=4:1$

(10)　右図のように点Eをとる。できる立体は，㋐底面の半径がBC＝5cmで高さがBEの円すいから，㋑底面の半径がAD＝2cmで高さがAEの円すいを取り除いてできる円すい台である。下線部㋐と㋑の円すいは相似で相似比が5：2だから，体積比は，$5^3:2^3=125:8$

なので，求める体積は，㋐の体積の$\frac{125-8}{125}=\frac{117}{125}$(倍)である。

△EBC∽△EADで相似比がBC：AD＝5：2だから，

EB：EA＝5：2

これより，AB：BE＝(5－2)：5＝3：5だから，

$BE=\frac{5}{3}AB=\frac{5}{3}\times6=10$(cm)

よって，㋐の体積は，$\frac{1}{3}\times5^2\pi\times10=\frac{250}{3}\pi$(cm³)だから，

求める体積は，$\frac{250}{3}\pi\times\frac{117}{125}=78\pi$(cm³)

2　(1)　$ア^2=5-1^2=4=2^2$だから，ア＝2である。

$イ^2=13-ア^2=13-4=9=3^2$だから，イ＝3である。

規則性を考えると，$25=4^2+3^2$とわかる。つまり，数の列1，5，13，25，…において，n番目の数は，$n^2+(n-1)^2$で求められる。したがって，7番目の数は，$7^2+(7-1)^2=49+36=85$

$n^2+(n-1)^2=221$を解くと，$(n-11)(n+10)=0$より

$n=11$，-10となる。

nは自然数だから$n=11$が条件に合うので，221は11番目の数とわかる。

(2)　$n=6$のとき四すみの数のうち右下の数は，(1)より，$6^2+5^2=61$である。左下の数は右下の数より$2\times(6-1)=10$大きいから，

$61+10=71$である。よって，$n=6$のとき一番大きい数は71である。

$n=6$のとき，左下の数は右下の数より10大きかったのだから，右上

の数は右下の数より10小さい。このようにnの値がいくらであっても，左下の数と右上の数の和は，右下の数の2倍となる。左上の数はつねに1だから，四すみの数の和は，

$1+\{n^2+(n-1)^2\}+\{n^2+(n-1)^2\}\times 2=6n^2-6n+4$ と表せる。

$6n^2-6n+4=544$ を解くと，$(n-10)(n+9)=0$ より

$n=10,\ -9$ となる。

nは自然数だからn＝10が条件に合うので，四すみの数の和が544となるのは，n＝10のときとわかる。

3 (2) 右のように作図する。

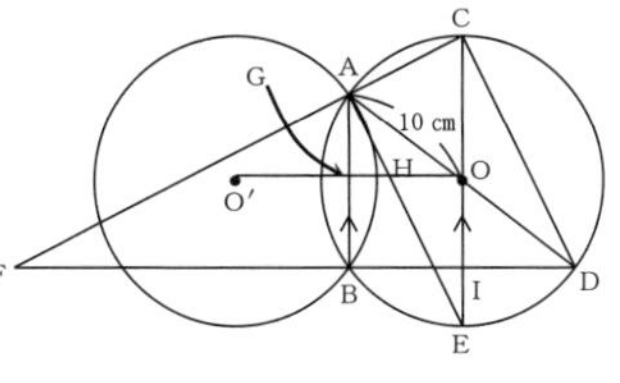

AB//CEより

△AGH∽△EOHとなることを利用してAEの長さを求める。

円Oと円O′はABについて線対称だから，

$AB\perp OO'$，$OG=\frac{1}{2}OO'=\frac{1}{2}\times 16=8$ (cm) である。

三平方の定理より，$AG=\sqrt{AO^2-OG^2}=\sqrt{10^2-8^2}=6$ (cm)

△AGH∽△EOHの相似比はAG：EO＝6：10＝3：5だから，

GH＝3cm，OH＝5cmとわかる。

三平方の定理より，$AH=\sqrt{AG^2+GH^2}=\sqrt{6^2+3^2}=3\sqrt{5}$ (cm)

$EH=\frac{5}{3}AH=\frac{5}{3}\times 3\sqrt{5}=5\sqrt{5}$ (cm) だから，

$AE=AH+EH=3\sqrt{5}+5\sqrt{5}=8\sqrt{5}$ (cm)

また，ADが円の直径だから，∠ABD＝∠ACD＝90°で，

AB//CEだから，∠CID＝∠ABD＝90°

AB//CEと(1)より，∠GAH＝∠CEA＝∠DCE

したがって，△AGH∽△CIDである。また，△CID∽△FCDが成り立つから，△AGH∽△FCDである。

この相似を利用してCFの長さを求められる。△OAE≡△OCDだから，$CD=AE=8\sqrt{5}$ cm

△AGH∽△FCDより，GA：CF＝GH：CD

$6:CF=3:8\sqrt{5}$　　$CF=\frac{6\times 8\sqrt{5}}{3}=16\sqrt{5}$ (cm)

また，△AGH∽△FCDより，AH：FD＝GH：CD

$3\sqrt{5}:FD=3:8\sqrt{5}$　　$FD=\frac{3\sqrt{5}\times 8\sqrt{5}}{3}=40$ (cm)

弦ABはOO′によって2等分されているから，

$AB=2AG=2\times 6=12$ (cm)

よって，$\triangle AFD=\frac{1}{2}\times FD\times AB=\frac{1}{2}\times 40\times 12=240$ (cm²)

4 (1) 答えの単位がmであることに注意する。時速40km＝時速40000mである。

0.75 秒 $=\frac{3}{4}$ 秒 $=(\frac{3}{4}\times\frac{1}{60}\times\frac{1}{60})$ 時間 $=\frac{1}{4800}$ 時間だから，空走距離は，

$40000\times\frac{1}{4800}=\frac{25}{3}$ (m)

(2) 時速 x km＝時速 $1000x$ mであり，0.75秒 $=\frac{1}{4800}$ 時間だから，

$y=1000x\times\frac{1}{4800}=\frac{5}{24}x$

(3) 制動距離を表す式を $y=ax^2$ とする。問題のグラフより $x=60$ のとき $y=30$ だから，$30=a\times 60^2$ より，$a=\frac{1}{120}$ となる。よって，$y=\frac{1}{120}x^2$

(4) $y=\frac{1}{120}x^2$ に $x=30$ を代入すると，$y=\frac{1}{120}\times 30^2=\frac{15}{2}=7.5$ (m)

(5) (2)，(3)より，ブレーキをかけようとしたときの速さが時速 x kmのとき，空走距離と制動距離の合計は，$(\frac{5}{24}x+\frac{1}{120}x^2)$ mである。

$\frac{5}{24}x+\frac{1}{120}x^2=3.7$ を解くと，$(x+37)(x-12)=0$ より $x=-37,\ 12$ となる。x は自然数だから $x=12$ が条件に合うので，求める速さは時速12kmである。

2017(平成29)年度　解答例と解説

《解答例》

1　(1)(ア) 2　(イ) 7　(2)(ウ) 3　(エ) 8
(3)(オ) 9　(カ) 5　(キ) 3
(4)(ク) 1　(ケ) 6　(コ) 1　(サ) 6　(5)(シ) －　(ス) 3
(6)(セ) 1　(ソ) 3
(7)(タ) 7　(チ) 1　(ツ) 0　(8)(テ) 8　(ト) 6
(9)(ナ) 7　(ニ) 2　(10)(ヌ) 1　(ネ) 9

2　(1)(ア) 2　(2)(イ) －　(ウ) 3　(エ) 6
(3)(オ) 2　(カ) －　(キ) 1　(ク) 2

3　(1)(ア) －　(イ) 1　(ウ) 2　(エ) 6　(2)(オ) 3　(カ) 0
(3)(キ) 3　(ク) 2　(ケ) 2　(コ) 1　(サ) 5　(シ) 2　(ス) 2

4　(1)(ア) 2　(イ) 2　(2)(ウ) 8　(エ) 3　(3)(オ) h
(4)(カ) 4　(5)(キ) 1　(ク) 4

《解　説》

1　(1)　与式 $=-9\times(-\frac{5}{3})+8\times\frac{9}{6}=15+12=27$

(2)　与式 $=12x^7\times\frac{1}{4x^2}\times x^3=3x^8$

(3)　$x^2+3x+2=(x+1)(x+2)$ となるから，
この式に $x=1+\sqrt{3}$ を代入すると，
$\{(1+\sqrt{3})+1\}\{(1+\sqrt{3})+2\}=(\sqrt{3}+2)(\sqrt{3}+3)=$
$3+5\sqrt{3}+6=9+5\sqrt{3}$

(4)　2次方程式の解の公式より，
$x=\frac{-(-1)\pm\sqrt{(-1)^2-4\times3\times(-5)}}{2\times3}=\frac{1\pm\sqrt{61}}{6}$

(5)　$y=ax^2$ において，x の値がmからnまで増加するときの変化の割合は，$\frac{am^2-an^2}{m-n}=a(m+n)$ で求められる。これを利用すると，求める変化の割合は，$-\frac{3}{8}(2+6)=-3$ となる。

(6)　x と y の式を $y=\frac{a}{x}$ とすると，$x=3$ のとき $y=2$ だから，
$2=\frac{a}{3}$ より，$a=6$ となる。これより，x と y の式は $y=\frac{6}{x}$ となる。
$y=\frac{6}{x}$ は $x>0$ の範囲では x の値が大きいほど y の値は小さくなるから，
x の変域が $2\leqq x\leqq6$ だと，$x=2$ のときに y は最大値の $\frac{6}{2}=3$ となり，
$x=6$ のときに y は最小値の $\frac{6}{6}=1$ となる。
よって，y の変域は，$1\leqq y\leqq3$

(7)　「少なくとも○○の確率」は，1から，「○○ではない確率」を引いて求める。この問題では，2本ともはずれの確率を引く。1本目に引くくじは5通り，2本目に引くくじは4通りだから，すべての引き方は $5\times4=20$(通り)ある。また，1本目に引くはずれくじは3通りであり，2本目に引くはずれくじは2通りだから，2本ともはずれの確率は，
$3\times2=6$(通り)ある。よって，求める確率は，$1-\frac{6}{20}=\frac{7}{10}$

(8)　BとHを含めた10人の平均点が6点だから，
合計点は $6\times10=60$(点)になった。このことから，BとHの合計点は
$60-5-7-5-3-7-10-3-4=16$(点)とわかり，BとHの平均点は $16\div2=8$(点)となる。
また，Hの方が得点が高く，Bと同じ得点の人数が最も多かったことから，Bは7点，Hは9点とわかる。
$10\div2=5$ より，10人の得点の中央値は，低い方から5番目と6番目の点数の平均である。10人の得点を低い順に並べると，3点，3点，4点，5点，5点，7点，…と続くから，求める中央値は，$\frac{5+7}{2}=6$(点)

(9)　弧CDについて，円周角の定理により，∠CBD＝∠CAD＝33°となるから，∠ABC＝42＋33＝75(°)とわかる。△ABCはAB＝ACの二等辺三角形なので，∠BAC＝180－75×2＝30(°)である。
したがって，△ABEにおいて，三角形の外角の性質により，
∠AED＝∠BAE＋∠ABE＝72(°)

(10)　AD//BHだから，△DEG∽△BHGとわかるので，△DEGと△BHGの相似比がわかれば面積比が求められる。
AE：ED＝3：2より，ED＝$\frac{2}{3+2}$AD＝$\frac{2}{5}$ADである。
また，△DEF∽△CHFであり，相似比はDF：CF＝2：1だから，
ED：HC＝2：1より，HC＝$\frac{1}{2}$ED＝$\frac{1}{5}$ADである。BC＝ADだから，HB＝BC＋HC＝$\frac{6}{5}$ADとなるため，△DEGと△BHGの相似比は，ED：HB＝$\frac{2}{5}$AD：$\frac{6}{5}$AD＝1：3となる。相似比がa：bの図形の面積比は $a^2:b^2$ となるから，求める面積比は，
$S:T=1^2:3^2=1:9$

2　(1)　P，Qのセルは，Aのセルの値を x として計算した値を表示する。
このため，$a\times5^2-16=34$ だから，これを解くと，$a=2$

(2)　(1)の解説をふまえる。Aのセルに－3が表示されているとQに15が表示されたから，$-3b+c=15$…①が成り立つ。
また，Aのセルに4が表示されているとQに－6が表示されたから，
$4b+c=-6$…②が成り立つ。
①と②を連立させて解くと，$b=-3$，$c=6$

(3)　(1)と(2)から，$(2x^2-16)+(-3x+6)=-8$ が成り立つ。これを整理すると，$2x^2-3x-2=0$ となるので，
2次方程式の解の公式を用いて x の値を求めると，
$x=\frac{-(-3)\pm\sqrt{(-3)^2-4\times2\times(-2)}}{2\times2}=2,\ -\frac{1}{2}$ となる。
よって，Aのセルの値は，2または $-\frac{1}{2}$ である。

3　(1)　Aは $y=\frac{1}{4}x^2$ のグラフ上の点で x 座標が－6だから，
$y=\frac{1}{4}\times(-6)^2=9$ より，A(－6，9)とわかる。同様に，B(4，4)とわかるから，直線ABの式を求めると，$y=-\frac{1}{2}x+6$ となる。

(2)　直線ABと y 軸の交点をCとして，△AOBを△AOCと△BOCに分けて面積を調べる。(1)で求めた直線ABの式から，C(0，6)とわかり，OC＝6となる。
△AOCの底辺をOCとしたときの高さは，点Aの x 座標の絶対値に等しく6だから，

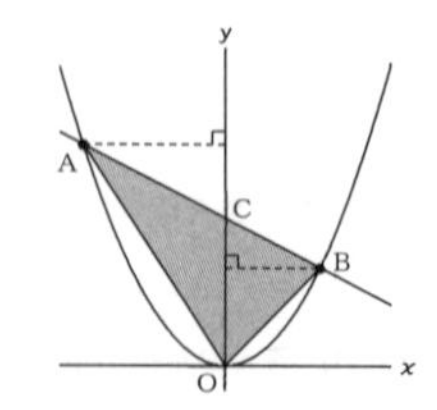

△AOC＝$\frac{1}{2}\times6\times6=18$ である。△BOCについても同様に考えると，
△BOC＝$\frac{1}{2}\times6\times4=12$ となるから，求める面積は，18＋12＝30

(3)　関数の問題として考えると難しいが，図形の問題として考えればそれほど難しくはない。(2)で△AOBの面積を求めたので，これが利用できないかと考える。右のように作図すると，A′P＝(点A′の y 座標の絶対値)であり，A′Pは△A′OB′の

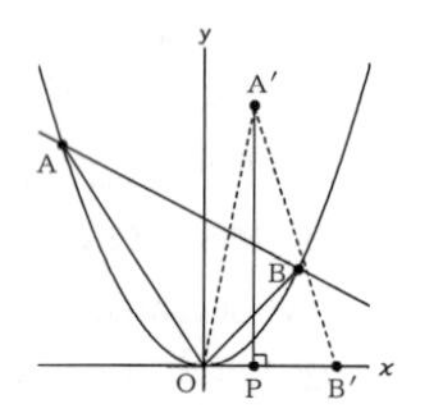

底辺をＯＢ′としたときの高さにあたる。三平方の定理を利用すれば線分の長さがわかるので，△Ａ′ＯＢ′の面積とＯＢ′の長さから，点Ａ′のy座標がわかる。また，ＯＰ＝(点Ａ′のx座標の絶対値)なので，ＯＰの長さから点Ａ′のx座標がわかる。

三平方の定理を用いると，$OB=\sqrt{4^2+4^2}=4\sqrt{2}$となるから，

$OB'=OB=4\sqrt{2}$である。

$\triangle A'OB'=\triangle AOB=30$だから，$\frac{1}{2}\times OB'\times A'P=30$が成り立ち，これを解くと$A'P=\frac{15\sqrt{2}}{2}$となる。

また，三平方の定理を用いると，$OA^2=(-6)^2+9^2=117$となるから，$(OA')^2=OA^2=117$である。

したがって，△ＯＡ′Ｐで三平方の定理を用いると，

$OP=\sqrt{(OA')^2-A'P^2}=\frac{3\sqrt{2}}{2}$となる。

点Ａ′はx座標もy座標も正だから，求める座標は，$A'(\frac{3\sqrt{2}}{2},\ \frac{15\sqrt{2}}{2})$

4 (1) 図１の立方体において，ＡＣはＡＢ＝ＢＣ＝２㎝の直角二等辺三角形の斜辺にあたるから，$AC=\sqrt{2}AB=2\sqrt{2}$(㎝)である。よって，正四面体ＡＣＦＨの１辺の長さは$AC=2\sqrt{2}$㎝である。

(2) 図１の立方体の体積から，取り除かれた４つの三角すいの体積を引く。図１の立方体の体積は，$2\times2\times2=8$(㎤)である。

取り除かれた４つの三角すいはすべて合同であり，

１つの体積は，$\frac{1}{3}\times(\frac{1}{2}\times2\times2)\times2=\frac{4}{3}$(㎤)である。

よって，正四面体ＡＣＦＨの体積は，$8-\frac{4}{3}\times4=\frac{8}{3}$(㎤)

(3) 図４において，右の図に太線で示した図形は，正四面体ＡＣＦＨを２倍に拡大した正四面体である。このため，立体ＰＱＲＳＴＵの各面は，合同な正三角形である。立体ＰＱＲＳＴＵは合同な８個の正三角形でできる立体だから，(h)正八面体である。

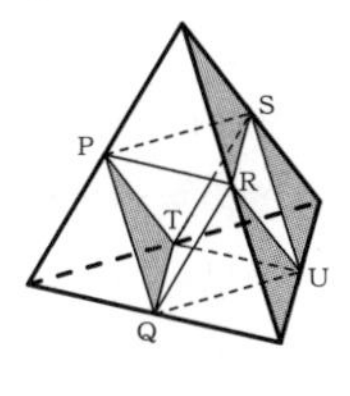

(4) (3)から，立体ＰＱＲＳＴＵは正八面体なので，４点Ｐ，Ｑ，Ｕ，Ｓは同一平面上にあり，この４点を結んでできる図形は，正方形である。正方形ＰＱＵＳの１辺の長さは，(1)で求めた$2\sqrt{2}$㎝なので，求める長さは，$PU=\sqrt{2}PQ=4$(㎝)

(5) (3)の解説をふまえる。相似比がａ：ｂの立体の相似比は$a^3:b^3$となることから，(3)の解説の図の太線の正四面体の体積は，正四面体ＡＣＦＨの$2^3=8$(倍)となる。図４の立体を作るのに正四面体ＡＣＦＨを４個使ったから，これらを取り除いた残りである，立体ＰＱＲＳＴＵの体積は，正四面体ＡＣＦＨの$8-4=4$(倍)である。

よって，求める割合は$\frac{1}{4}$倍となる。

2016(平成28)年度　解答例と解説

《解答例》

1　(1)(ア) −　(イ) 6　(ウ) 7　(2)(エ) 2　(オ) 9　(カ) 4
(3)(キ) 1　(ク) 6　(ケ) 6　(4)(コ) 3　(サ) 2
(5)(シ) −　(ス) 3　(セ) 5　(6)(ソ) 0　(タ) 9
(7)(チ) 5　(ツ) 1　(テ) 4
(8)(ト) 1　(ナ) 0　(ニ) 5　(ヌ) 4　(ネ) 3　(ノ) 0
(9)(ハ) 3　(ヒ) 2　(10)(フ) 8　(ヘ) 8

2　(1)(ア) 1　(イ) 5　(ウ) 2　(エ) 5　(オ) 2　(カ) 7　(キ) 0
(2)(ク) 6　(ケ) 7　(コ) 4　(サ) 8　(シ) 1　(ス) 9

3　(1)(ア) 2　(イ) 5　(2)(ウ) 4　(エ) 5　(3)(オ) 1　(カ) 6

4　(1)(ア) e　(イ) a　(ウ) g　(エ) c　(2)(オ) 2　(カ) 3　(キ) 3
(3)(ク) 3　(ケ) 1　(コ) 2　(サ) 6　(シ) 2

《解　説》

1　(1)　与式$=\frac{2}{3}-\frac{6}{7}\div\frac{9}{16}=\frac{2}{3}-\frac{6}{7}\times\frac{16}{9}=\frac{14}{21}-\frac{32}{21}=-\frac{18}{21}=\frac{-6}{7}$

(2)　与式$=\frac{4(2x+6)-(2x-3)}{12}=\frac{8x+24-2x+3}{12}=\frac{6x+27}{12}$
$=\frac{2x+9}{4}$

(3)　$x^2-4y^2=(x+2y)(x-2y)$だから，
この式に$x=2\sqrt{3}+2\sqrt{2}$，$y=\sqrt{3}-\sqrt{2}$を代入して，
$\{(2\sqrt{3}+2\sqrt{2})+2(\sqrt{3}-\sqrt{2})\}\{(2\sqrt{3}+2\sqrt{2})-2(\sqrt{3}-\sqrt{2})\}$
$=4\sqrt{3}\times4\sqrt{2}=16\sqrt{6}$

(4)　$y=-\frac{12}{x}$において，$x=2$のとき$y=-\frac{12}{2}=-6$，$x=4$のとき
$y=-\frac{12}{4}=-3$だから，求める変化の割合は，$\frac{-3-(-6)}{4-2}=\frac{3}{2}$となる。

(5)　求める直線の式を$y=ax+b$として，通る2点のx座標，y座標の値を代入すると，$-7=4a+b$，$14=-3a+b$となる。この2式を連立させて解くと，$a=-3$，$b=5$となる。

(6)　$y=\frac{1}{4}x^2$のグラフは上に開いた放物線だから，x座標の絶対値が大きいほどyの値は大きくなる。このため，$-4\leqq x\leqq6$の範囲では，yは，$x=0$のときに最小値の0となり，$x=6$のときに最大値の$\frac{1}{4}\times6^2=9$となる。

(7)　取り出し方は全部で$7\times6=42$(通り)ある。このうち，xが43以上になるのは，aが5以上の場合の$2\times6=12$(通り)と，aが4の場合の3通り(43，45，46)だから，求める確率は，$\frac{12+3}{42}=\frac{5}{14}$となる。

(8)　$50\div2=25$より，中央値は重さの順で並べたときに25番目と26番目に並ぶ重さの平均である。100g未満の度数が$2+3+5+9=19$(個)，110g未満の度数が$19+8=27$(個)だから，中央値は100g以上110g未満の階級に含まれているため，求める階級値は，$\frac{100+110}{2}=105$となる。
また，50個の標本中の90g以上120g未満のトマトの相対度数は$\frac{9+8+10}{50}=0.54$だから，800個のトマトのうち，この階級に含まれるトマトの個数は，$800\times0.54=432$より，約430個となる。

(9)　△BCEにおいて中点連結定理を用いると，DF//BEとわかる。
このため，△AGE∽△ADFとわかり，これらの相似比は
AE：AF＝1：2だから，
△AGE：△ADF＝1^2：2^2＝1：4である。
△AGEと△ADFの面積の差が四角形EFDGの面積にあたるから，ADF$=S\times\frac{4}{4-1}=\frac{4}{3}S$と表せる。また，高さが等しい三角形の面積比は底辺の長さの比に等しいから，△ADF：△CDF＝AF：CF＝2：1である。したがって，△CDF$=\frac{1}{2}$△ADF$=\frac{2}{3}S$だから，$T=\frac{2}{3}S$である。よって，求める比は，$S:T=S:\frac{2}{3}S=3:2$となる。

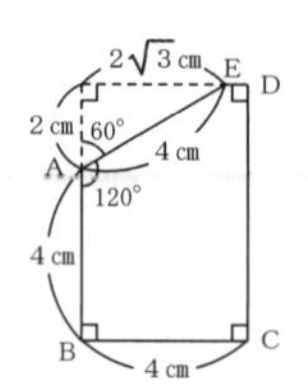

(10)　右のように作図できるから，できる立体は，底面の半径が4cmで高さが6cmの円柱から，底面の半径が$2\sqrt{3}$cmで高さが2cmの円すいを除いた図形である。よって，求める体積は，
$4^2\pi\times6-\frac{1}{3}\times(2\sqrt{3})^2\pi\times2=88\pi$(cm³)となる。

2　(1)　(A)から，400個分の材料費は$100\times400-34000=6000$(円)とわかるため，1個分の材料費は$6000\div400=15$(円)となる。また，実際の売上高から，材料費の6000円を引いた金額が19270円だから，実際の売上高は，$19270+6000=25270$(円)となる。

(2)　1日目はx個売れ，2日目は$(y+2x)$個売れたから，この差について，$(y+2x)-x=67$が成り立つ。これを整理すると，$\underline{x+y=67}$となる。この式から，クケの解答がわかる。
また，2日目の午後の価格は70円，3日目の価格は50円であり，3日目の個数は$400-x-(y+2x)=400-3x-y$(個)だから，売上高について，$100x+100y+70\times2x+50\times(400-3x-y)=25270$が成り立つ。これを整理すると，$\underline{9x+5y=527}$となる。以上の下線をつけた2式を連立させて解くと，$x=48$，$y=19$となる。なお，2つ目の式を立てるとき，100円で67個，70円で$2x$個，50円で$400-67-2x=333-2x$(個)売れたと考えれば，$100\times67+70\times2x+50\times(333-2x)=25270$という$x$の1次方程式を立てることができる。これを解いて$x$の値を求め，1つ目の式から$y$の値を求めてもよい。

3　(1)　$y=ax^2$に$x=20$，$y=160$を代入すると，$160=a\times20^2$より，
$a=\frac{2}{5}$となる。

(2)　自動車は15秒で$\frac{2}{5}\times15^2=90$(m)進むから，自転車PはA地点を通過してからの$5+15=20$(秒)で90m進んだとわかる。よって，求める速さは，毎秒$(90\div20)$m＝毎秒4.5mとなる。

(3)　求める時間をt秒後とする$(t>0)$と，自動車はA地点から$\frac{2}{5}t^2$m進んだところで，自転車QはB地点から$3.6t$m進んだところで，相手の先端とすれ違う。AB間の距離は160mだから，$\frac{2}{5}t^2+3.6t=160$が成り立つ。これを解くと$t=16$，-25であり，$t>0$だから，求める時間は16秒後となる。

4　(1)　証明の穴埋め問題では，空欄の前後に書いてある内容から当てはまる事柄を推理する。アは，∠PBRが円周角だから，$\overset{\frown}{PR}$に対する中心角を考える。イは，∠QRPが△QRPの底角だから，△OARの底角を考える。ウとエは，4点A，R，Q，Oを通る円で円周角を用いていることから，それぞれ$\overset{\frown}{QO}$，$\overset{\frown}{QR}$に対する円周角を考える。なお，エについては，∠ORPと等しいことで「錯角が等しい」と述べていることからも，∠QORとわかる。

(2)　ＡＯが円Ｑの接線だから，∠ＡＯＱ＝90°である。これと，∠ＯＡＱ＝∠ＯＡＢ＝30°であることから，

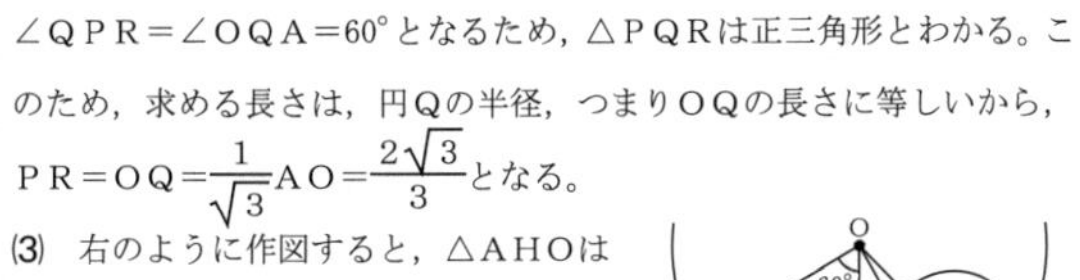

△ＡＯＱはＯＱ：ＡＱ：ＡＯ＝１：２：$\sqrt{3}$の直角三角形とわかり，∠ＯＱＡ＝60°である。平行線の錯角は等しいから，ＯＱ//ＰＲより，
∠ＱＰＲ＝∠ＯＱＡ＝60°となるため，△ＰＱＲは正三角形とわかる。このため，求める長さは，円Ｑの半径，つまりＯＱの長さに等しいから，
ＰＲ＝ＯＱ＝$\frac{1}{\sqrt{3}}$ＡＯ＝$\frac{2\sqrt{3}}{3}$となる。

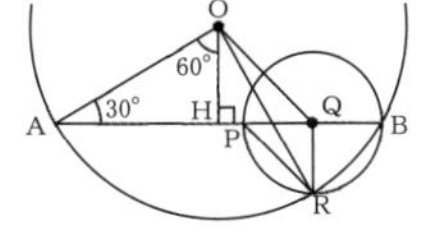

(3)　右のように作図すると，△ＡＨＯはＨＯ：ＡＯ：ＡＨ＝１：２：$\sqrt{3}$の直角三角形だから，ＯＨ＝$\frac{1}{2}$ＡＯ＝１，
ＡＨ＝$\sqrt{3}$ＯＨ＝$\sqrt{3}$となる。
点Ｈは弦ＡＢの中点だから，ＡＢ＝２ＡＨ＝２$\sqrt{3}$となるため，円Ｑの直径はＰＢ＝ＡＢ－ＡＰ＝２$\sqrt{3}$－２である。このため，円Ｑの半径は
ＰＱ＝$\frac{1}{2}$ＰＢ＝$\sqrt{3}$－１となる。
このとき，ＨＱ＝ＢＨ－ＢＱ＝$\sqrt{3}$－($\sqrt{3}$－１)＝１だから，△ＯＨＱがＯＨ＝ＨＱの直角二等辺三角形となるため，ＯＱ＝$\sqrt{2}$ＯＨ＝$\sqrt{2}$である。
また，平行線の錯角から，∠ＱＰＲ＝∠ＯＱＰ＝45°となるため，
△ＰＱＲがＰＱ＝ＱＲの直角二等辺三角形となり，
ＰＲ＝$\sqrt{2}$ＰＱ＝$\sqrt{6}$－$\sqrt{2}$である。

2015(平成27)年度　解答例と解説

《解答例》

1　(1) -2　(2) $9\sqrt{3}$　(3) $(x-2)(x-16)$　(4) 6　(5) $\frac{5}{2}$
　(6) -2　(7) $\frac{5}{12}$　(8)(ア)36　(イ)7　(9) 78π

2　(1) $36\sqrt{3}$　(2) $144\sqrt{3}$

3　(1) $x-6$　(2)縦…36　横…48　(3)32

4　(1) $\frac{3}{2}$　(2) $y=-\frac{3}{2}x+3$　(3)(6，9)

5　(1)a．ウ　b．エ　c．オ　d．ケ　(2)50　(3) $\frac{4}{3}$

《解　説》

1　(1)　与式 $=-9+\frac{5}{2}\times(-\frac{4}{5})+9=\mathbf{-2}$

(2)　与式 $=10\sqrt{3}-6\sqrt{3}+5\sqrt{3}=\mathbf{9\sqrt{3}}$

(3)　$x-4=A$ とおけば，与式 $=A^2-10A-24=A^2+(2-12)A+2\times(-12)=(A+2)(A-12)$

Aを元に戻すと，$(x-4+2)(x-4-12)=\mathbf{(x-2)(x-16)}$

(4)　$x^2-6x+10=x^2-6x+9+1=(x-3)^2+1$ となるから，この式に $x=3-\sqrt{5}$ を代入して，$(3-\sqrt{5}-3)^2+1=5+1=\mathbf{6}$

(5)　1次関数の変化の割合は傾きに等しいから，$y=8x-3$ の変化の割合は8である。また，関数 $y=mx^2$ において，x の値がpからqまで増加するときの変化の割合は $m(p+q)$ で求められるから，$y=x^2$ の変化の割合は $1\times(a+a+3)=2a+3$ である，以上より，$2a+3=8$ だから，これを解くと，$\mathbf{a=\frac{5}{2}}$

(6)　関数 $y=-3x+b$ のグラフは右下がりの直線だから，x の値が大きいほど，y の値は小さくなる。

したがって，$x=2$ のときに $y=-8$ となるから，$-8=-3\times2+b$ より，$\mathbf{b=-2}$

(7)　大小2つのさいころを同時に投げるとき，すべての目の出方は $6^2=36$(通り)ある。出る目の数の和が素数となるのは，右表で色をつけた15通りだから，求める確率は，$\frac{15}{36}=\mathbf{\frac{5}{12}}$

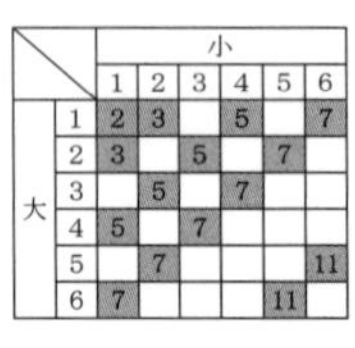

	小					
大	1	2	3	4	5	6
1	2	3		5		7
2	3		5		7	
3		5		7		
4	5		7			
5		7				11
6	7				11	

(8)　人数が9人の階級の相対度数が0.25だから，度数の合計(合計人数)は，$9\div0.25=\mathbf{36}$ とわかる。よって，15分以上30分未満の階級の度数は，$36-3-14-9-2-1=\mathbf{7}$

(9)　求める体積は，底面の半径が6cmで高さが8cmの円すいの体積から，半径が $6\times\frac{1}{2}=3$ (cm)の半球の体積を引いた値に等しい。

$\frac{1}{3}\times6^2\pi\times8-(\frac{4}{3}\times3^3\pi)\times\frac{1}{2}=\mathbf{78\pi}$ (cm³)

2　(1)　AB＝BC＝ADより，△ABCは1辺の長さが12cmの正三角形である。正三角形の1辺の長さと高さの比は $2:\sqrt{3}$ だから，1辺の長さが12cmの正三角形の高さは $12\times\frac{\sqrt{3}}{2}=6\sqrt{3}$ (cm)となるため，求める面積は，$\frac{1}{2}\times12\times6\sqrt{3}=\mathbf{36\sqrt{3}}$ (cm²)

(2)　四面体ABEFは，面ABCについて対称な立体である。このことから，四面体ABEFを△ABCで2つに分けると，高さ(EC，FC)が等しい三角すいができる。$EC=FC=12\times\frac{1}{2}=6$ (cm)だから，求める体積は，$(\frac{1}{3}\times36\sqrt{3}\times6)\times2=\mathbf{144\sqrt{3}}$ (cm³)

3　(1)　図1では，両端に直角二等辺三角形ができることから，切り取った板は，長方形の両端から，直角に交わる2辺の長さが3cmの直角二等辺三角形を2個除いた図形となる。このことから，額縁の内側の縦の長さは，外側の縦の長さよりも $3\times2=6$ (cm)短くなるとわかるから，その長さは $\mathbf{(x-6)}$ cmと表せる。

(2)　額縁の外側の縦の長さを $3y$ cm，外側の横の長さを $4y$ cmとおく。下図より，板の長さについて方程式を立てると，$3y+(3y-6)+4y+(4y-6)+3=159$ となるから，これを解くと，$y=12$ となる。

よって，額縁の外側の縦の長さは $3\times12=\mathbf{36}$ (cm)，横の長さは $4\times12=\mathbf{48}$ (cm)となる。

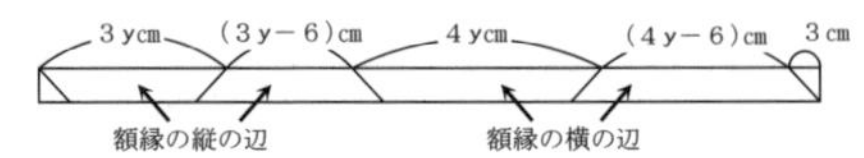

(3)　額縁の外側の縦の長さは x cm $(x>0)$ だから，横の長さは $(x+12)$ cmと表すことができ，額縁の内側の縦の長さは $(x-6)$ cm，横の長さは $(x+12)-6=x+6$ (cm)と表せる。したがって，額縁の内側の面積について方程式を立てると，$(x-6)(x+6)=988$ より，$x^2=1024$

$x=\pm32$　　$x>0$ だから，求める長さは **32** cmとなる。

4　(1)　点Aの座標から，$6=a\times(-2)^2$ より，$\mathbf{a=\frac{3}{2}}$

(2)　点Bの座標は $(1，\frac{3}{2})$ となる。直線ABの式を $y=mx+n$ とし，点A，Bの座標の値を代入して連立方程式を解くと，$m=-\frac{3}{2}$，$n=3$ となるから，求める直線の式は，$\mathbf{y=-\frac{3}{2}x+3}$

(3)　点Bの座標から，直線OBの式は $y=\frac{3}{2}x$ とわかる。AD//OBだから，直線ADの傾きは $\frac{3}{2}$ とわかり，その式は $y=\frac{3}{2}x+9$ となる。点Dは，$y=\frac{3}{2}x^2$ のグラフと，直線ADの交点の1つだから，

$\frac{3}{2}x^2=\frac{3}{2}x+9$ より，$x^2-x-6=0$　　$(x-3)(x+2)=0$

$x=3，-2$

したがって，点Dの x 座標は3とわかり，$D(3，\frac{27}{2})$ となる。

AB//DCで，AB＝DCだから，2点D，Cの x 座標の差，y 座標の差はそれぞれ，2点A，Bの x 座標の差(3)，y 座標の差 $(\frac{9}{2})$ に等しいため，点Cの x 座標は $3+3=6$，y 座標は $\frac{27}{2}-\frac{9}{2}=9$ となる。よって，求める座標は，**C(6，9)**

5　(2)　円Oの半径をrとすると，ABが直径だから，

$\overset{\frown}{AB}=2\pi r\times\frac{1}{2}=\pi r$

2点C，Dは $\overset{\frown}{AB}$ の3等分点だから，$\overset{\frown}{AC}=\frac{1}{3}\overset{\frown}{AB}=\frac{1}{3}\pi r$

$\overset{\frown}{PA}=\frac{2}{3}\overset{\frown}{AC}=\frac{2}{9}\pi r$ より，$\overset{\frown}{PC}=\frac{5}{9}\pi r$ となるから，$\overset{\frown}{PC}$ の長さは，円Oの周の長さの $\frac{5}{9}\pi r\div2\pi r=\frac{5}{18}$ (倍)である。おうぎ形の弧の長さは中心角に比例するから，$\angle POC=360\times\frac{5}{18}=100(^\circ)$ となり，

平行線の同位角が等しいことと円周角の定理から，

$\angle PQR=\angle PDC=\frac{1}{2}\angle COP=\mathbf{50}(^\circ)$ となる。

(3)　(2)と同様に，円Oの半径をrとする。

2点C，Dが $\overset{\frown}{AB}$ の3等分点であることから，

$\angle AOC=\angle COD=\angle DOB=180\times\frac{1}{3}=60(^\circ)$

このことから，△OCDは1辺の長さがrの正三角形とわかり，

CD＝r

対頂角は等しいから，$\angle PRQ=\angle POQ=\angle AOC=60^\circ$

平行線の同位角が等しいこととＣＰが直径であることから，∠ＰＱＲ＝∠ＰＤＣ＝90°

したがって，△ＰＱＲは１辺の長さがｒの正三角形を半分にしてできる直角三角形とわかり，

３辺の長さの比が $\overset{QR}{1}:\overset{PR}{2}:\overset{PQ}{\sqrt{3}}$ だから，ＰＱ＝$\frac{\sqrt{3}}{2}$ＰＲ＝$\frac{\sqrt{3}}{2}$ｒ

△ＣＤＥと△ＰＱＲの相似比はＣＤ：ＰＱ＝ｒ：$\frac{\sqrt{3}}{2}$ｒ＝２：$\sqrt{3}$ だから，面積比は $2^2:(\sqrt{3})^2=4:3$ となるため，△ＣＤＥの面積は△ＰＱＲの面積の $\frac{4}{3}$ **倍**である。

2014(平成26)年度　解答例と解説

《解答例》

1　(1)-30　(2)$4\sqrt{3}$　(3)$x=-2$，6　(4)-21　(5)0，24
(6)$\frac{1}{4}$　(7)15.5　(8)21　(9)7.5

2　(1)$a=\frac{1}{2}$　(2)(0，5)

3　(1)77　(2)$3n-2$　(3)$n=13$

4　(1)4　(2)3.6　(3)3，45

5　(1)$4\sqrt{3}$　(2)$16\sqrt{3}$　(3)$\frac{224\sqrt{2}}{3}$

《解　説》

1　(1)　与式$=(-8)\div\frac{4}{15}=(-8)\times\frac{15}{4}=$**$-30$**

(2)　与式$=\sqrt{7\times3}\times\sqrt{7}-\frac{18}{2\sqrt{3}}$

$=7\sqrt{3}-\frac{9\times\sqrt{3}}{\sqrt{3}\times\sqrt{3}}=7\sqrt{3}-3\sqrt{3}=$**$4\sqrt{3}$**

(3)　与式より，$4x^2=x^2+12x+36$　$3x^2-12x-36=0$

$x^2-4x-12=0$　$(x+2)(x-6)=0$　**$x=-2$，6**

(4)　関数$y=-3x^2$において，$x=2$のとき$y=-3\times2^2=-12$，

$x=5$のとき$y=-3\times5^2=-75$だから，求める変化の割合は，

$\frac{(-75)-(-12)}{5-2}=\frac{-63}{3}=$**$-21$**

(5)　関数$y=\frac{3}{2}x^2$のグラフは上に開いた放物線だから，xの絶対値が大きいほどyの値は大きくなる。したがって，$-2\leqq x\leqq4$でのyの最大値は，$x=4$のときの，$y=\frac{3}{2}\times4^2=24$

xの変域が0を含むからyの最小値は，0

よって，**$0\leqq y\leqq24$**

(6)　さいころの目の出方は全部で$6\times6=36$(通り)ある。

出る目の数の和のうち4の倍数は4，8，12であり，目の出方を(大きいさいころの目，小さいさいころの目)で表すと，4になるのは(1，3)(2，2)(3，1)の3通り，8になるのは(2，6)(3，5)(4，4)(5，3)(6，2)の5通り，12になるのは(6，6)の1通りだから，4の倍数になるのは$3+5+1=9$(通り)である。

よって，求める確率は，$\frac{9}{36}=$**$\frac{1}{4}$**

(7)　冊数が少ないほうから5番目の生徒はCで，その冊数は14冊，6番目の生徒はGで，その冊数は17冊である。よって，中央値は，

$\frac{14+17}{2}=$**15.5(冊)**

(8)　ACは直径であり，半円の弧に対する円周角は90°であるから，∠ABC=90°となり，△ABCは直角二等辺三角形とわかる。

したがって，∠BAC=45°であり，1つの弧に対する円周角は等しいから，弧BCの円周角より，∠BDC=∠BAC=45°

三角形の外角は，これととなり合わない内角の和に等しいから，

∠x $=66-45=$**21(°)**

(9)　△ABFにおいて，AD=DB，

AE=EFだから，中点連結定理より，

DE$=\frac{1}{2}$BF$=\frac{1}{2}\times10=5$(cm)，

DE//BF

△CDEにおいて，CF=FE，

FG//EDだから，中点連結定理より，

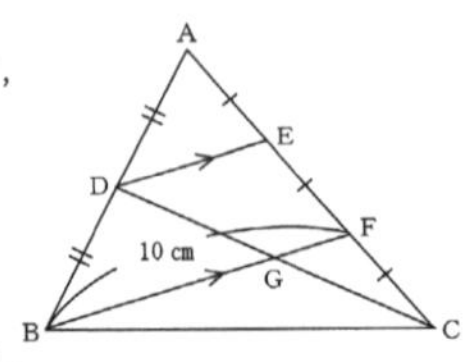

GF$=\frac{1}{2}$DE$=\frac{1}{2}\times5=2.5$(cm)

よって，BG$=10-2.5=$**7.5(cm)**

2　(1)　放物線$y=ax^2$のグラフは点Aを通るから，$y=ax^2$に$x=4$，$y=8$を代入すると，$8=a\times4^2$より，**$a=\frac{1}{2}$**

(2)　円の中心はy軸上にあるので，その座標をP(0，p)とおく。

PO$=p-0=p$，PA$=\sqrt{(4-0)^2+(8-p)^2}=\sqrt{p^2-16p+80}$

円の半径は等しいから，PO=PAより$\text{PO}^2=\text{PA}^2$となるため，

$p^2=p^2-16p+80$となり，$p=5$とわかる。

よって，求める座標は，**(0，5)**

3　(1)　最も大きい数は$9\times9=81$で，縦横に奇数枚ずつ敷きつめた数表の真ん中は右図のようになるから，大きい方から3番目の数は，$81-4=$**77**

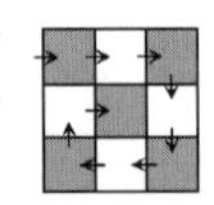

(2)　数の列の小さい方から1～4番目の数は数表の四隅の数であり，縦横n枚ずつ敷きつめると，大きい正方形の1辺にはn枚の小さい正方形が並ぶから，数の列の小さい方から1～4番目の数は，1から$n-1$ずつ大きくなる。

よって，求める数は，$1+(n-1)\times3=$**$3n-2$**

(3)　この数の列の大きい方から2番目と3番目の数の平均は$664\div4=166$で自然数だから，大きい方から2番目と3番目の数の差は2であり，nは奇数とわかる。

したがって，この数表の真ん中は右図のようになり，大きい方から1～4番目の数は順に①～④の正方形に記入される数である。①はn^2，②はn^2-2，③はn^2-4，④はn^2-6で，これらの数の和が664だから，

$n^2+(n^2-2)+(n^2-4)+(n^2-6)=664$

これを解くと$n=\pm13$であり，nは自然数だから，**$n=13$**

4　(1)　Aさんとバスの進行を表すグラフの交点は両者が出合ったことを表しているから，Aさんは駅行きのバスと**4**回出合ったことがわかる。

(2)　グラフより，Aさんは出発してから30分間に2km歩いているとわかるから，その速さは毎分$(2\div30)$km=毎分$\frac{1}{15}$kmである。

また，バスは6kmを15分で進んでいるとわかるから，その速さは毎分$(6\div15)$km=毎分$\frac{2}{5}$kmである。

12時45分にAさんは駅から$\frac{1}{15}\times45=3$(km)離れた地点にいるから，この時刻に駅を出発したバスがAさんに追いつくまでにかかる時間をa分とすると，駅からの距離について$3+\frac{1}{15}a=\frac{2}{5}a$が成り立つ。

これより$a=9$となるから，求める距離は，$\frac{2}{5}\times9=$**3.6(km)**

(3)　Aさんが歩いていた時間をb分，タクシーに乗っていた時間をc分とする。

(2)の解説から，タクシーの速さは毎分$(\frac{2}{5}\times1.5)$km=毎分$\frac{3}{5}$kmである。

Aさんが出発してから公園に着くまでに13時15分－12時=75分かかったから，休みを除いた時間の合計について$b+c=75-15$…①が成り立つ。また，Aさんが進んだ距離の合計について，

$\frac{1}{15}b+\frac{3}{5}c=6$…②が成り立つ。

①，②を連立方程式として解くと$b=\frac{225}{4}$，$c=\frac{15}{4}$となる。

よって，タクシーに乗っていた時間は，$\frac{15}{4}$分=**3分45秒**

5 (1) 右図のように補助線を引き，記号をおく。

直角三角形A′KC′において，三平方の定理より，

$A'C'=\sqrt{KC'^2+A'K^2}$ だから，KC'^2 と $A'K^2$ の値を調べる。

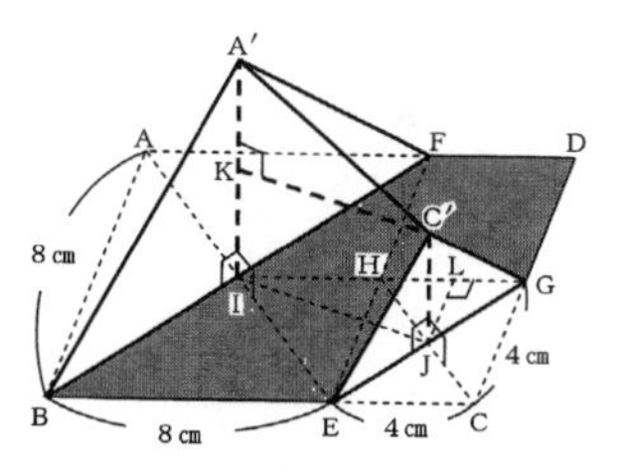

$KC'^2=IJ^2=LJ^2+LI^2=2^2+6^2=40$

また，$A'I=AI=\frac{1}{2}AE=\frac{1}{2}\times 8\sqrt{2}=4\sqrt{2}$ (cm)

$C'J=CJ=\frac{1}{2}CH=\frac{1}{2}\times 4\sqrt{2}=2\sqrt{2}$ (cm)

したがって，$A'K^2=(4\sqrt{2}-2\sqrt{2})^2=8$

よって，$A'C'=\sqrt{40+8}=$ **$4\sqrt{3}$ (cm)**

(2) (1)と同様に記号をおく。

$\triangle A'IB\equiv\triangle A'IE$ (証明略)より，$A'E=A'B=8$ cmだから，

$\triangle A'BE$ は1辺の長さが8 cmの正三角形である。

したがって，底辺をBEとしたときの高さは $8\times\frac{\sqrt{3}}{2}=4\sqrt{3}$ (cm)だから，求める面積は，$\frac{1}{2}\times 8\times 4\sqrt{3}=$ **$16\sqrt{3}$ (cm²)**

(3) 三角すいO - A′BFと三角すいO - C′EGは相似であり，その相似比はBF：EG＝2：1だから，体積比は $2^3:1^3=8:1$ である。

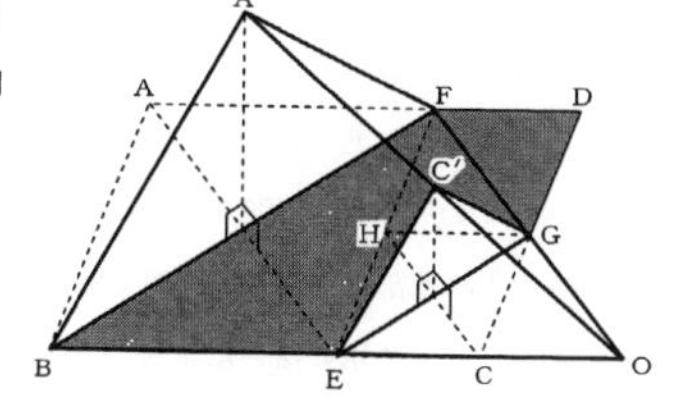

したがって，立体C′EG - A′BFと三角すいO - C′EGの体積比は $(8-1):1=7:1$ である。

$\triangle GEO$ は $GO=GE=4\sqrt{2}$ cmの直角二等辺三角形だから，

三角すいO - C′EGの底面を $\triangle C'EG$ としたときの高さはGOとなるため，その体積は，$\frac{1}{3}\times(\frac{1}{2}\times 4\times 4)\times 4\sqrt{2}=\frac{32\sqrt{2}}{3}$ (cm³)

よって，求める体積は，$\frac{32\sqrt{2}}{3}\times 7=$ **$\frac{224\sqrt{2}}{3}$ (cm³)**

2013(平成25)年度　解答例と解説

《解答例》

1 (1)-2　(2)$15+6\sqrt{2}$　(3)$x=\dfrac{-5\pm\sqrt{17}}{2}$　(4)ア．0.7　イ．0.64　ウ．テニス　(5)$\dfrac{2}{5}$　(6)$\dfrac{1}{6}$　(7)360π　(8)39　(9)$2\sqrt{7}$

2 (1)26.86　(2)1.87

3 (1)イ　(2)7200　(3)18

4 (1)4　(2)B．16　C．24　(3)21

5 (1)a．オ　b．ウ　c．エ　(2)(i)5　(ii)$\dfrac{25\sqrt{5}}{6}$

《解　説》

1 (1)　与式$=6-4\times2=6-8=\mathbf{-2}$

(2)　与式$=3\sqrt{6}\times\sqrt{6}+3\sqrt{6}\times\sqrt{3}-\sqrt{3}\times\sqrt{6}-\sqrt{3}\times\sqrt{3}$

$=18+9\sqrt{2}-3\sqrt{2}-3=\mathbf{15+6\sqrt{2}}$

(3)　二次方程式の解の公式より，

$x=\dfrac{-5\pm\sqrt{5^2-4\times1\times2}}{2\times1}=\dfrac{-5\pm\sqrt{25-8}}{2}=\mathbf{\dfrac{-5\pm\sqrt{17}}{2}}$

(4)　目標を達成したのは，テニス部が$9+5=14$(人)で相対度数は，

$14\div20=\mathbf{0.7}$

サッカー部が$24+8=32$(人)で相対度数は，$32\div50=\mathbf{0.64}$だから，目標に達した割合は，**テニス部**の方が大きい。

(5)　5枚のカードの中から2枚を取り出すときのカードの組み合わせは，

<u>(a，b)</u>(a，c)(a，d)(a，e)<u>(b，c)</u><u>(b，d)</u><u>(b，e)</u>(c，d)(c，e)(d，e)の10通りがあり，そのうちbが含まれるのは下線部の4通りがあるから，求める確率は，$\dfrac{4}{10}=\mathbf{\dfrac{2}{5}}$

(6)　点Aは関数$y=ax^2$のグラフ上にあるから，点Aのy座標をaで表すために$x=-2$を代入すると，$y=a\times(-2)^2=4a$

点Bについても同様に$x=5$を代入すると，$y=a\times5^2=25a$

2点A，B間の変化の割合は，直線ABの傾きに等しく

$\dfrac{25a-4a}{5-(-2)}=\dfrac{1}{2}$　$\dfrac{21a}{7}=\dfrac{1}{2}$　$3a=\dfrac{1}{2}$　$\mathbf{a}=\dfrac{1}{2}\times\dfrac{1}{3}=\mathbf{\dfrac{1}{6}}$

(7)　この回転体は，底面の半径が$12\div2=6$(cm)で高さが6cmの円柱と，半径が6cmの半球を合わせた立体である。

円柱の体積が$6^2\pi\times6=216\pi$(cm³)で，半球の体積が$\dfrac{1}{2}\times\dfrac{4}{3}\pi\times6^3=144\pi$(cm³)だから，求める体積は，$216\pi+144\pi=\mathbf{360\pi}$**(cm³)**

(8)　CとDを結ぶと，ADが直径だから，半円の弧に対する円周角は90°より，∠ACD＝90°

∠ECD＝∠ACD－∠ACE＝90－51＝39(°)　$\overset{\frown}{DE}$に対する円周角より，∠x＝∠ECD＝**39°**

(9)　右図のように，AFの延長にMから垂線MGを引く。

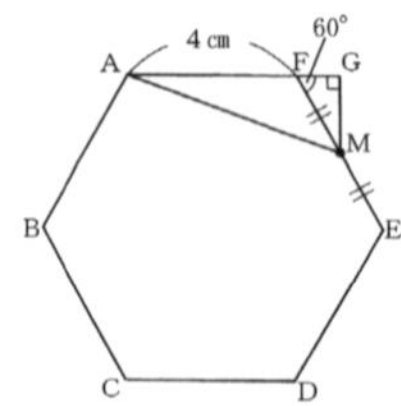

多角形の外角の和は360°だから，正六角形の1つの外角の大きさは，

$360\div6=60$(°)

つまり，∠MFG＝60°だから，直角三角形MFGにおいて，

FG：MF：MG＝1：2：$\sqrt{3}$

MF＝$\dfrac{1}{2}$EF＝2(cm)だから，FG＝$\dfrac{1}{2}$MF＝1(cm)，

MG＝$\sqrt{3}$FG＝$\sqrt{3}$(cm)

直角三角形AMGにおいて，AG＝AF＋FG＝4＋1＝5(cm)，

MG＝$\sqrt{3}$cmだから，三平方の定理により，

AM＝$\sqrt{AG^2+MG^2}=\sqrt{5^2+(\sqrt{3})^2}=\sqrt{25+3}=\sqrt{28}=\mathbf{2\sqrt{7}}$**(cm)**

2 (1)　地点Aの標高は地点Bの標高よりも2m低く，地点Bの標高は地点Cの標高よりも$2.52-1.38=1.14$(m)低い。つまり，地点Aの標高は地点Cよりも$2+1.14=3.14$(m)低いから，求める標高は，

$30-3.14=\mathbf{26.86}$**(m)**

(2)　表より，地点Cの標高は地点Dの標高よりも$2.15-1.76=0.39$(m)低いから，地点Cの地面から区間DEの糸の結び目までの高さは，

$(x+0.39)$m

地点Cの標高は地点Eの標高よりも0.28m高いから，

$(x+0.39)+0.28=2.54$　$x=2.54-0.28-0.39=\mathbf{1.87}$

3 (1)　それぞれの区間での水を入れる割合を1分あたりの水の深さで表すと，1回目の測定までは，$\dfrac{8}{9}$cm

1回目の測定から2回目の測定までは，$\dfrac{20-8}{21-9}=\dfrac{12}{12}=1$(cm)

2回目の測定から3回目の測定までは，$\dfrac{48-20}{42-21}=\dfrac{28}{21}=\dfrac{4}{3}$(cm)

入れる水の割合を1回変えて，割合が3通りになるのは，1回目の測定まで1分間にa cm³の割合で水を入れ，1回目の測定から2回目の測定までの間に水を入れる割合が変わり，2回目の測定から3回目の測定まで1分間にb cm³の割合で水を入れた場合である。よって，正しいものは**イ**である。

(2)　(1)より，$60\times90=5400$(cm²)の底面積の部分に1分で$\dfrac{4}{3}$cmの深さの水が入ったから，$b=5400\times\dfrac{4}{3}=\mathbf{7200}$**(cm³)**

(3)　水を入れる割合をt分後に変えたとする。($9<t<21$)

(1)より，はじめ水の深さは毎分$\dfrac{8}{9}$cmずつ上昇するから，t分間に入れた水の深さは，$\dfrac{8}{9}t$ cm

水を入れる割合を変えてからの水の深さは毎分$\dfrac{4}{3}$cmずつ上昇するから，$(42-t)$分間に入れた水の深さは，$\dfrac{4}{3}(42-t)$cm

42分間に深さ48cmの水が入ったから，$\dfrac{8}{9}t+\dfrac{4}{3}(42-t)=48$

$9\times\dfrac{8}{9}t+9\times\dfrac{4}{3}(42-t)=9\times48$　$8t+12(42-t)=432$

$8t+504-12t=432$　$-4t=432-504$　$-4t=-72$

$t=-72\div(-4)=18$より，求める時間は，**18分後**

4 (1)　箱Bと箱Cを収納する部分は，箱Aの$24-2=22$(個分)

箱Aの22個分をすべて箱Cで収納すると，箱Cは，$22\div2=11$(個)

このときの箱Bと箱Cの個数を(0，11)と表すことにする。

$1.5\times4=2\times3=6$より，箱C3個を箱B4個に替えても収納することができるから，(4，8)(8，5)(12，2)でも収納できる。

よって，収納方法は**4通り**ある。

(2)　箱A1個の幅を1とすると，箱B1個の幅は1.5，箱C1個の幅は2となる。また，ロッカーの幅は24で，1台のロッカーの箱を収納する部分の幅の合計は$24\times3=72$と表せる。

箱Cをx個収納するときの，1台のロッカーの箱を収納する部分の幅の合計についての方程式を立てると，$1.5(40-x)+2x=72$

$60-1.5x+2x=72$　$0.5x=12$　$x=24$より，収納された箱Bは$40-24=\mathbf{16}$**(個)**，箱Cは**24個**である。

(3)　3台目のロッカーまでに収納された箱Aの個数は，上の段が$20+10+20=50$(個)，中の段が$20\times3=60$(個)，下の段が$24+24+12=60$(個)である。

4台目以降に収納された箱Aは，$800-50-60-60=630$(個)

使用したロッカーは奇数台だから，4台目以降のロッカーがx台あるとすると，上の段に10個と中の段に20個のAが収納されたロッカーと，上の段に20個と中の段に20個の箱Aが収納されたロッカーが，それぞれ$\frac{x}{2}$台ずつあることになる。よって，4台目以降に収納された箱Aの個数についての方程式を立てると，

$(10+20)\times\frac{x}{2}+(20+20)\times\frac{x}{2}=630$　$15x+20x=630$　$35x=630$

$x=18$より，使用したロッカーの台数は，$3+18=$**21(台)**

5 (2)(i)　四角形AFDGが長方形だから，ADとGEの交点をPとすると，

$GP=FP=AP=DP=\frac{1}{2}AD=\frac{1}{2}\times 4=2$ (cm)

$AD/\!/BC$で，$DE\perp BC$だから，$\angle PDE=90°$

直角三角形PEDにおいて，三平方の定理により，

$PE=\sqrt{DE^2+DP^2}=\sqrt{(\sqrt{5})^2+2^2}=3$ (cm)

よって，$GE=GP+PE=2+3=$**5 (cm)**

(ii)　(i)と同様に，ADとGEの交点をPとし，GからBCに垂線を引き，BCとの交点をQとする。

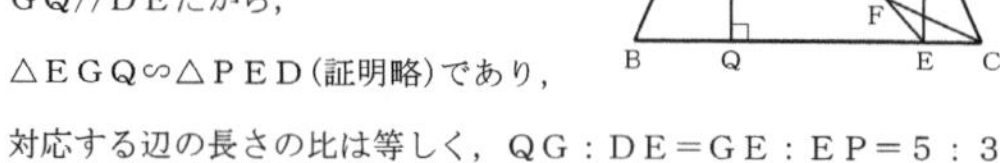

$GQ/\!/DE$だから，

$\triangle EGQ\backsim\triangle PED$(証明略)であり，

対応する辺の長さの比は等しく，$QG:DE=GE:EP=5:3$

$QG=\frac{5}{3}DE=\frac{5}{3}\times\sqrt{5}=\frac{5\sqrt{5}}{3}$(cm)

四角形ABCDは等脚台形だから，

$EC=(BC-AD)\times\frac{1}{2}=(6-4)\times\frac{1}{2}=1$ (cm)より，

$BE=BC-EC=6-1=5$ (cm)

よって，$\triangle GBE=\frac{1}{2}\times BE\times QG=\frac{1}{2}\times 5\times\frac{5\sqrt{5}}{3}=$**$\frac{25\sqrt{5}}{6}$ (cm²)**

2012(平成24)年度　解答例と解説

《解答例》

1 (1) $\frac{1}{6}$　(2) $a=\frac{5}{4}b$　(3) $3\sqrt{6}$　(4) -2　(5) 2　(6) 100　(7) $\frac{15}{2}$　(8) $\frac{1}{3}$　(9) ウ，オ

2 (1) 145　(2) $8n+1$

3 (1) 15　(2) 7　(3) 4

4 (1) $(a-\frac{5}{2},\ a)$　(2) 4　(3) $y=-2x+2$

5 (1) a．ウ　b．キ　c．コ　d．チ　e．セ　(2) $\frac{64\sqrt{2}}{9}$　(3) $\sqrt{2}$

《解　説》

1 (1)　与式$=-\frac{4}{3}-\frac{15}{8}\times(-\frac{4}{5})=-\frac{4}{3}+\frac{3}{2}=\frac{-8+9}{6}=\boldsymbol{\frac{1}{6}}$

(2)　与式より，$2(a+b)=3(2a-b)$　$2a+2b=6a-3b$

$4a=5b$　$\boldsymbol{a=\frac{5}{4}b}$

(3)　与式$=\frac{24\sqrt{6}}{6}-\frac{3\sqrt{6}}{3}=4\sqrt{6}-\sqrt{6}=\boldsymbol{3\sqrt{6}}$

(4)　$x=2$を$y=-\frac{1}{4}x^2$に代入すると，$y=-\frac{1}{4}\times2^2=-1$

$x=6$を$y=-\frac{1}{4}x^2$に代入すると，$y=-\frac{1}{4}\times6^2=-9$

よって，求める変化の割合は，$\frac{-9-(-1)}{6-2}=\frac{-8}{4}=\boldsymbol{-2}$

(5)　xの変域が0を含むから，$a<0$であれば，$x=0$のときに$y=0$が最大値となるが，yの最大値は8より，$a<0$は不適。

つまり，$a>0$であり，$x=2$のときに$y=8$で最大となる。

$x=2$，$y=8$を$y=ax^2$に代入すると，$8=a\times2^2$より，$a=2$

これは$a>0$を満たすから，求めるaの値は**2**となる。

(6)　AB//CD，CD//EFより，平行線の錯角は等しいから，

∠ABC＝∠BCD＝22°，∠CDE＝∠DEF＝21°

$\overset{\frown}{CE}:\overset{\frown}{EG}=3:1$より，$\overset{\frown}{CE}:\overset{\frown}{CG}=3:(3+1)=3:4$

円周角の定理より，∠CFG$=\frac{4}{3}\times$∠CDE$=\frac{4}{3}\times21=28$(°)

円周角と中心角の関係から，∠AOC＝2×∠ABC＝2×22＝44(°)

同様に，∠COG＝2×∠CFG＝2×28＝56(°)

以上より，∠x＝∠AOC＋∠COG＝44＋56＝**100(°)**

(7)　△AMCと△ACNにおいて，

∠Aは共通だから，∠MAC＝∠CAN…①

点Mは辺ABの中点であり，△ABCはAB＝ACの二等辺三角形より，AM：AC＝1：2…②

また，AB＝BNより，AC：AN＝1：(1＋1)＝1：2…③

①・②・③より，2組の辺の比とその間の角がそれぞれ等しいから，

△AMC∽△ACNである。対応する辺の長さの比は等しいから，

MC：CN＝AM：AC＝1：2　MC$=\frac{1}{2}$CN$=\boldsymbol{\frac{15}{2}}$**(cm)**

(8)　3人とも3通りずつの出し方があるから，すべての出し方は$3^3=$27(通り)である。あいこになるのは，3人が同じ手を出した場合と，3人の手がすべて異なる場合があり，3人が同じ手を出すのは，グー，チョキ，パーの3通りである。3人の手がすべて異なるのは，1人目が3通りで，2人目は1人目が出した手を除いた2通り，3人目が残った1通りだから，3×2×1＝6(通り)である。

以上のことから，求める確率は，$\frac{3+6}{27}=\frac{9}{27}=\boldsymbol{\frac{1}{3}}$となる。

(9)　3人の生徒が，それぞれ70点，70点，40点をとったとすると，3人の平均点は$\frac{70+70+40}{3}=60$(点)となる。これと同様に考えて，ア，イ，エは正しくないとわかる。39人の合計点は60×39＝2340(点)より，ウは正しい。オについては，62点をとった生徒が19人いるとすると，61点の生徒の順位は20位となるが，59点の生徒が1人，58点の生徒が17人，56点の生徒が1人であれば，合計点は2340点で，平均点は60点となるから，オは正しいとわかる。よって，解答は**ウ**，**オ**となる。

2 (1)　16あるいは61から考えると，$1^2+6^2=37$，$3^2+7^2=58$，$5^2+8^2=89$，$8^2+9^2=145$，$1^2+4^2+5^2=42$となり，145は題意に適する。よって，求める数は**145**である。

(2)　図1より，5を1番目の数とすると，9番目の数に4が出てくる。

また，4を1番目の数とした場合も9番目の数に4が出てくるから，2個目の4は9＋9－1＝17(番目)の数，3個目の4は17＋9－1＝25(番目)の数，…となる。9＝8×1＋1，17＝8×2＋1，25＝8×3＋1，…より，n個目の4は(**8n＋1**)番目の数である。

3 (1)　相似な図形の面積の比は，辺の長さの二乗の比に等しいから，

PとQの辺の比は，$\sqrt{16}:\sqrt{25}=4:5$となる。

よって，Qの短い辺の長さは$12\times\frac{5}{4}=$**15(cm)**となる。

(2)　Pの長い辺の長さを$x$cmとすると，Qの長い辺の長さは$\frac{5}{4}x$cmと表せる。Pの対角線の長さとQの長い辺の長さが等しいから，三平方の定理より，$x^2+12^2=(\frac{5}{4}x)^2$　$x^2+144=\frac{25}{16}x^2$　$\frac{9}{16}x^2=144$　$x^2=256$

$x>0$だから，$x=\sqrt{256}=16$

Pの対角線，つまりQの長い辺の長さは$16\times\frac{5}{4}=20$(cm)であり，Qの対角線の長さは$20\times\frac{5}{4}=25$(cm)である。

よって，ABの長さは16×2－25＝**7(cm)**となる。

(3)　(2)より，Pの面積は12×16＝192(cm²)だから，重なった部分の長方形の面積は192×2－360＝24(cm²)である。重なった部分の長方形の短い辺と長い辺の長さの和は20÷2＝10(cm)より，和が10，積が24となる2つの数を考える。

これに当てはまる数は4と6だから，求める辺の長さは**4cm**となる。

4 (1)　2点A，Bについて，x座標の差は$-1-(-\frac{7}{2})=\frac{5}{2}$で，$y$座標の差は$-1-1=-2$である。四角形ABCDが平行四辺形になるから，2点C，Dのx座標とy座標の差は，2点A，Bのx座標とy座標の差に等しくなる。点Cの座標は$(a,\ a-2)$だから，点Dのx座標は$a-\frac{5}{2}$，y座標は$a-2-(-2)=a$より，点Dの座標は$\boldsymbol{(a-\frac{5}{2},\ a)}$となる。

(2)　関数$y=\frac{6}{x}$において，xとyの積は$xy=6$で一定である。点Dは関数$y=\frac{6}{x}$上の点だから，$x=a-\frac{5}{2}$，$y=a$を$xy=6$に代入して，

$(a-\frac{5}{2})\times a=6$　$a^2-\frac{5}{2}a=6$　$2a^2-5a-12=0$

2次方程式の解の公式より，

$a=\frac{-(-5)\pm\sqrt{(-5)^2-4\times2\times(-12)}}{2\times2}=\frac{5\pm\sqrt{121}}{4}=\frac{5\pm11}{4}$

$a=\frac{5+11}{4}=4$，$a=\frac{5-11}{4}=-\frac{3}{2}$

関数$y=\frac{6}{x}$において，$x>0$より，$y>0$だから，$a>0$

よって，解答は$\boldsymbol{a=4}$となる。

(3)　求める直線の式を，$y=-2x+n$とする。

(2)より，点Dの座標は$(4-\frac{5}{2},\ 4)=(\frac{3}{2},\ 4)$である。

$(-1+\frac{3}{2})\div2=\frac{1}{4}$，$(-1+4)\div2=\frac{3}{2}$より，対角線BDの中点は$(\frac{1}{4},\ \frac{3}{2})$である。平行四辺形の面積を2等分する直線は，対角線の中

点を通るから，$x=\frac{1}{4}$，$y=\frac{3}{2}$を$y=-2x+n$に代入して，

$\frac{3}{2}=-2\times\frac{1}{4}+n$　$n=\frac{3}{2}+\frac{1}{2}=2$

よって，求める直線の式は，$\mathbf{y=-2x+2}$となる。

5 (2) PQ//UT，PQ//SRより，UT//SRである。

△OTU∽△ORS（証明略）より，TU：RS＝OL：ON

TU：4＝1：(1＋2)　$TU=4\div3=\frac{4}{3}$(cm)

直角二等辺三角形HLMにおいて，

$LH=MH=MN-HN=4-\frac{4}{3}=\frac{8}{3}$(cm)より，$LM=\frac{8\sqrt{2}}{3}$cm

四角形PQTUは，PQ//UTの台形であり，上底が$UT=\frac{4}{3}$cm，

下底がPQ＝4cm，高さが$LM=\frac{8\sqrt{2}}{3}$cmより，

求める面積は，$\frac{1}{2}\times(\frac{4}{3}+4)\times\frac{8\sqrt{2}}{3}=\mathbf{\frac{64\sqrt{2}}{9}}$ **(cm²)**

(3) 点Oを通り直線MNに平行な直線と，

直線MLの延長との交点をVとする。

MN//OVより，平行線の錯角は

等しいから，∠LVO＝∠LMN＝45(°)

△OIVにおいて，

∠OIV＝90°，∠LVO＝45°より，

△OIVは直角二等辺三角形である。

また，△LMN∽△LVO（証明略）より，

MN：VO＝NL：OL＝2：1　4：VO＝2：1

$VO=4\times\frac{1}{2}=2$(cm)

よって，△OIVは斜辺の長さが2cmの直角二等辺三角形だから，

求める線分OIの長さは，$2\times\frac{1}{\sqrt{2}}=\mathbf{\sqrt{2}}$ **(cm)** となる。

2011(平成23)年度　解答例と解説

《解答例》

[1] (1) -2　(2) $\sqrt{3}$　(3) $(2a+3b)(2a-3b)$　(4) [$x=$] $2\pm\sqrt{5}$
(5) [$y=$] $\frac{4}{3}x-1$　(6) [$a=$] $\frac{1}{4}$　(7) $\frac{7}{12}$　(8) 65π (cm²)　(9) 16 (cm)

[2] (1) 28(台)　(2) 右グラフ

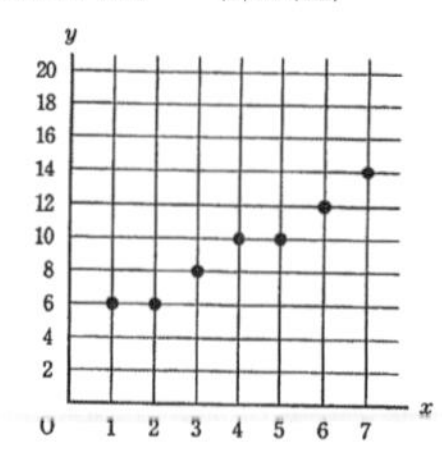

[3] (1) (秒速) $\frac{34}{5}$ (m)　(2) 15(秒)・99(m)
(3) $\frac{9}{2}$(秒)

[4] (1) 12(cm)・(秒速) 2(cm)　(2) ウ
(3) 8(秒)

[5] (1) a.イ　b.カ　c.エ　d.ク
(2)(i) $\frac{1}{9}$　(ii) $4\sqrt{3}$ (cm)

《解　説》

[1] (1) 〔与式〕$=\frac{1}{2}\times(-8)+\frac{1}{15}\times9\times\frac{10}{3}=-4+2=\mathbf{-2}$

(2) 〔与式〕$=\sqrt{5}\times\sqrt{3\times5}-\frac{12\times\sqrt{3}}{\sqrt{3}\times\sqrt{3}}=5\sqrt{3}-4\sqrt{3}=\mathbf{\sqrt{3}}$

(3) 〔与式〕$=(2a)^2-(3b)^2=\mathbf{(2a+3b)(2a-3b)}$

(4) 与式より，$x-2=\pm\sqrt{5}$　$\mathbf{x=2\pm\sqrt{5}}$

(5) 求める直線の式を$y=ax+b$とすると，(3, 3)，(9, 11)を通るので，$x=3$，$y=3$を代入して，$3=3a+b$…①
$x=9$，$y=11$を代入して，$11=9a+b$…②
①−②より，$-8=-6a$　$a=\frac{4}{3}$
$a=\frac{3}{4}$を①に代入して，$3=3\times\frac{4}{3}+b$　$b=-1$
よって，求める直線の式は$\mathbf{y=\frac{4}{3}x-1}$である。

(6) $x=3$を$y=ax^2$に代入すると，$y=a\times3^2=9a$
また，$x=5$を$y=ax^2$に代入すると，$y=a\times5^2=25a$
よって，xが3から5まで変化するときの変化の割合は，
$\frac{25a-9a}{5-3}=2$　$8a=2$　$\mathbf{a=\frac{1}{4}}$

(7) AとBのさいころの目の出方は全部で$6^2=36$(通り)である。Bが勝つのは，右の樹形図の○印をつけた
$6+5+4+3+2+1=21$(通り)
なので，求める確率は$\frac{21}{36}=\mathbf{\frac{7}{12}}$である。

(8) 母線の長さは，三平方の定理により，
$\sqrt{12^2+5^2}=\sqrt{169}=13$(cm)である。側面のおうぎ形の中心角を$x°$とすると，底面の円周の長さと側面のおうぎ形の弧の長さは等しいから，
$2\times5\pi=2\times13\pi\times\frac{x}{360}$より，$x=\frac{5\times360}{13}$(°)である。
よって，求める面積は，$13^2\pi\times(\frac{5\times360}{13}\times\frac{1}{360})=\mathbf{65\pi}$ **(cm²)** である。

(9) Dを通り，ABに平行な直線とEF，BCの交点をそれぞれG，Hとする。
四角形AEGDとEBGHは平行四辺形(証明略)より，DG＝4cm，GH＝8cmである。AB//DHより，同位角は等しいので，
∠DGF＝∠DHC，∠DFG＝∠DCHである。2組の角がそれぞれ等しいので，△DGF∽△DHCより，DG：DH＝GF：HC
$4:(4+8)=(12-10):HC$　$HC=\frac{12\times2}{4}=6$(cm)である。
BH＝AD＝10cmより，求める長さはBC＝BH＋HC＝10＋6＝**16(cm)**である。

[2] (1) 2台の機械BをそれぞれB₁とB₂とする。B₁は機械Aが塗装を始めてから2分後に塗装を始め，B₂は機械Aが塗装を始めてから4分後に塗装を始めると考える。1時間＝60分，$\frac{60-2}{4}=14$余り2より，B₁は1時間で14台の塗装を仕上げることができる。また，$\frac{60-4}{4}=14$より，B₂は1時間で14台の塗装を仕上げることができる。よって，求める台数は$14\times2=$**28(台)**である。

(2) 2台の機械AをA₁とA₂，3台の機械BをB₁とB₂とB₃とする。右図のように作業をすると，$x=4$のとき，$y=10$，$x=5$のとき，$y=10$，$x=6$のとき，$y=12$，$x=7$のとき，$y=14$である。これらを，グラフにかけばよい。

[3] (1) 第2走者がバトンを受け取ってからバトンを渡すまでに走った距離は$100-3+5=102$(m)である。$\frac{102}{15}=\frac{34}{5}$より，求める速さは**秒速$\frac{34}{5}$m**である。

(2) 第3走者の走った時間をx秒とすると，第4走者の走った時間は$(31-x)$秒となる。バトンを受け取ってから第3走者と第4走者の走った距離の和は$100\times2-5=195$(m)だから，$6.6x+6\times(31-x)=195$より，$6.6x+186-6x=195$　$0.6x=9$　$x=15$
よって，第3走者の走った時間は**15秒**である。
また，第3走者の走った距離は$6.6\times15=$**99(m)**である。

(3) $\frac{1}{3}x(2x+3)=18$より，$x(2x+3)=54$　$2x^2+3x-54=0$
2次方程式の解の公式より，$x=\frac{-3\pm\sqrt{3^2-4\times2\times(-54)}}{2\times2}=\frac{-3\pm21}{4}$
$x=\frac{9}{2}$，-6　題意より，$x>0$だから，$x=\frac{9}{2}$
よって，求める時間は**$\frac{9}{2}$秒**である。

[4] (1) 正方形ABCDの面積は$72\times2=144$(cm²)だから，正方形ABCDの1辺の長さは$\sqrt{144}=12$(cm)である。点Pは12cmを6秒で移動したので，点Pの速さが，$\frac{12}{6}=2$より，**秒速2cm**である。

(2) 点Pが点Bから点Aにもどるとき，点Qは点Dで停止したままなので，AQ＝AD＝12cmである。$6\leqq x\leqq12$のとき，$AP=12-2\times(x-6)=-2x+24$(cm)より，△APQの面積は，
$y=\frac{1}{2}\times AQ\times AP=\frac{1}{2}\times12\times(-2x+24)=-12x+144$と表すことができる。よって，条件に適するグラフは**ウ**である。

(3) 求める時間をx秒後$(6<x<12)$とすると，(2)より，
$△APQ=-12x+144$(cm²)である。また，$2\times\frac{1}{2}=1$より，点Rの速さは秒速1cmだから，$△ERH=\frac{1}{2}\times12x=6x$(cm²)である。よって，
$-12x+144=6x$より，$18x=144$　$x=8$
したがって，求める時間は**8秒後**である。

[5] (2)(i) (1)と同様に考えると，△AEF≡△DFEであり，AE＝DFだから，四角形ACDBは平行四辺形である。AEの長さをa，CDを底辺としたときの平行四辺形ACDBの高さをhとする。
CD＝CF＋DF＝3aより，平行四辺形ACDBの面積は3ah，
△ACFの面積は$\frac{1}{2}\times2a\times h=ah$と表せる。△AEG∽△FCG(証明略)だから，AG：FG＝AE：FC＝1：2である。△ACGと△ACFで，底辺をそれぞれAG，AFとすると，高さが等しいので，面積の比は底辺の比に等しい。
よって，$△ACG=\frac{1}{1+2}△ACF=\frac{1}{3}ah$である。$\frac{1}{3}ah:3ah=1:9$より，△ACGの面積は，四角形ACDBの面積の**$\frac{1}{9}$倍**である。

(ii) CEが∠ACFの2等分線より，∠ACE＝∠ECFである。平行線の錯角より，∠AEC＝∠ECFだから，△ACEはAC＝AEの二等辺三角形である。また，$\overset{\frown}{AE}$の円周角より，∠ACE＝∠AFE，$\overset{\frown}{AC}$の円周角より，∠AEC＝∠AFCだから，∠ACF＝∠EFCである。CA，FEを延長し，交わった点をHとすると，△HCFはHC＝HFの二等辺三角形である。AE//CF，CF＝2AEだから，中点連結定理の逆により，HC＝2ACであり，HC＝CFである。HC＝CF＝HFとなるので，△HCFは正三角形であり，$∠ECF=\frac{1}{2}∠HCF=30$(°)である。
円周角の定理より，∠EOF＝2∠ECF＝60(°)である。△OEFはOE＝OFの二等辺三角形であり，OO′⊥EFだから，OO′とEFの交点をIとすると，$∠EOI=\frac{1}{2}∠EOF=30$(°)である。
よって，△EOIはEI：EO：OI＝1：2：$\sqrt{3}$の直角三角形である。
EO＝4cmより，$OI=\frac{\sqrt{3}}{2}EO=2\sqrt{3}$(cm)だから，求める長さは，
$OO'=2OI=\mathbf{4\sqrt{3}}$ **(cm)** である。

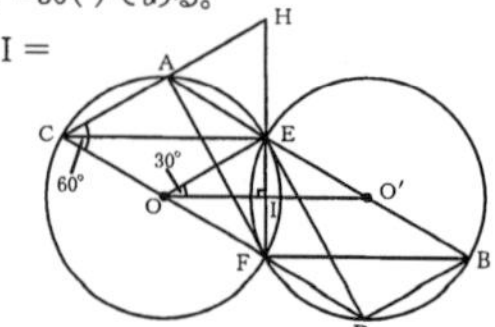

2010(平成22)年度　解答例と解説

《解答例》

1　(1)-2　(2)$5\sqrt{3}$　(3)$3-10\sqrt{3}$　(4)〔x=〕3　〔y=〕2　(5)4
(6)〔a=〕$-\frac{2}{3}$　〔b=〕2　(7)20(通り)　(8)15(度)　(9)$7\sqrt{3}$(cm)

2　(1)〔肉〕260(カロリー)　〔ご飯〕440(カロリー)　(2)(ア)×　(イ)○
(ウ)×

3　(1)(6，2)　(2)ア．12　イ．$\frac{b}{3}$　ウ．3a　エ．1　オ．3
(3)〔y=〕$-3x+15$

4　(1)エ・オ・ク　(2)(i)$24\sqrt{7}$(cm³)　(ii)$\frac{3\sqrt{7}}{2}$(cm)

5　(1)40(%)　(2)8(cm)　(3)〔x=〕5

《解　説》

1 (1)　与式$=16-18=\mathbf{-2}$

(2)　与式$=-\sqrt{3}+\sqrt{6}\times3\sqrt{2}=-\sqrt{3}+6\sqrt{3}=\mathbf{5\sqrt{3}}$

(3)　$x^2-6x-16=(x+2)(x-8)$　$x=\sqrt{3}-2$を代入して，
$\{(\sqrt{3}-2)+2\}\{(\sqrt{3}-2)-8\}=\sqrt{3}(\sqrt{3}-10)=\mathbf{3-10\sqrt{3}}$

(4)　$4x-5y=2$…①　$3x-4y=1$…②とおく。　①×3－②×4
$\mathbf{y=2}$　①に代入して，$4x-10=2$　$4x=12$　$\mathbf{x=3}$

(5)　$x=2$のとき，$y=\frac{1}{2}\times2^2=2$　$x=6$のとき，$y=\frac{1}{2}\times6^2=18$
よって，求める変化の割合は，$\frac{18-2}{6-2}=\mathbf{4}$

(6)　a＜0より，$y=ax+b$の式について，$x=-3$のとき，$y=4$なので，
$4=-3a+b$…①　また，$x=6$のとき，$y=-2$なので，$-2=6a+b$
…②　①－②より，$6=-9a$　$\mathbf{a=-\frac{2}{3}}$(a＜0の条件を満たす)　①に代入して，$4=2+b$　$\mathbf{b=2}$

(7)　a＝bとなるのは，(a，b)＝(0，0)(1，1)(2，2)(3，3)(4，4)
の5通り。また，c＋d＝5となるのは，(c，d)＝(1，4)(2，3)
(3，2)(4，1)の4通り。よって，求める場合の数は，5×4＝**20(通り)**

(8)　QRと円Oの円周との交点をSとする。斜線部分のおうぎ形の中心角をy°とおくと，$1^2\times\pi\times\frac{y}{360}=\frac{7}{12}\pi$と表せるので，$y=210$°　したがって，
∠QOS＝360°－210°＝150°　また，OS＝OQより，∠OSQ＝
∠OQS＝$\frac{180°-150°}{2}$＝15°　さらに，OQ//ℓより，錯角が等しいので，
∠x＝∠OQS＝**15°**

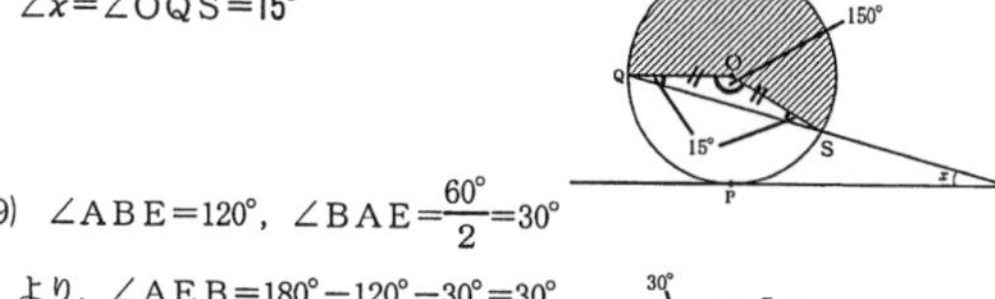

(9)　∠ABE＝120°，∠BAE＝$\frac{60°}{2}$＝30°
より，∠AEB＝180°－120°－30°＝30°
で，△ABEはBA＝BEの二等辺三角形
また，BからAEに垂線を引き，交点をH
とする。△ABHは30°，60°の内角をもつ
直角三角形なので，AH＝$\frac{\sqrt{3}}{2}$AB＝$\frac{7\sqrt{3}}{2}$
AH＝EHより，AE＝2AH＝$\mathbf{7\sqrt{3}}$**(cm)**

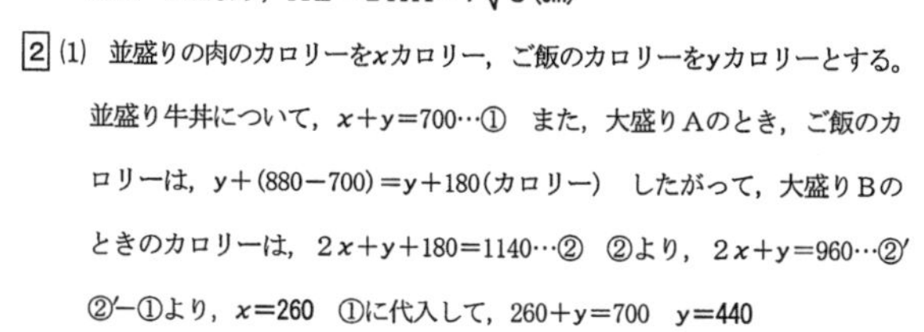

2 (1)　並盛りの肉のカロリーをxカロリー，ご飯のカロリーをyカロリーとする。
並盛り牛丼について，$x+y=700$…①　また，大盛りAのとき，ご飯のカロリーは，$y+(880-700)=y+180$(カロリー)　したがって，大盛りBのときのカロリーは，$2x+y+180=1140$…②　②より，$2x+y=960$…②′
②′－①より，$\mathbf{x=260}$　①に代入して，$260+y=700$　$\mathbf{y=440}$

3 (1)　$a=\frac{2}{3}$のとき，$b=12\div\frac{2}{3}=18$より，A$(\frac{2}{3}，18)$　また，点Pのy座標は18なので，$18=3x$より，$x=6$　P(6，18)　さらに，点Bのx座標は6なので，y座標は，$\frac{12}{6}=2$　よって，**B(6，2)**

(2)　(a，b)は$y=\frac{12}{x}$上の点より，ab＝**12**…(ア)　点Pのy座標はbなので，
$b=3x$より，$x=\frac{\mathbf{b}}{\mathbf{3}}$…(イ)　問題文の①，②から，$\frac{b}{3}\times c=ab$　両辺をbで割ると，$\frac{c}{3}=a$より，c＝**3a**…(ウ)　AC：BD＝a：3a＝**1**：**3**
(エ)(オ)

(3)　b＝12のときa＝$\frac{12}{12}$＝1より，A(1，12)　このとき，P(4，12)
さらに，B(4，3)　直線ABの式を$y=mx+n$とおくと，12＝m＋n…①
3＝4m＋n…②　①－②より，9＝－3m　m＝－3　①に代入して，
12＝－3＋n　n＝15　よって，$\mathbf{y=-3x+15}$

4 (2)(i)　△OBCは，OB＝OC＝8cm，BC＝12cmの二等辺三角形
△OBCについて，Oから辺BCへ垂線OHを引くと，BH＝$\frac{1}{2}$BC＝6cmより，OH＝$\sqrt{OB^2-BH^2}$＝$\sqrt{8^2-6^2}=2\sqrt{7}$(cm)
よって，求める体積は，
$(\frac{1}{2}\times BC\times OH)\times OM\times\frac{1}{3}$
$=(\frac{1}{2}\times12\times2\sqrt{7})\times6\times\frac{1}{3}=\mathbf{24\sqrt{7}}$**(cm³)**

(ii)　△MBCについて，Mから辺BCへと垂線を引くと，BCとの交点はHとなる。また，MH＝AB＝OB＝8cm　ここで，Oから△MBCに垂線を引き，交点をIとすると，Iは線分MH上となる。△MBCを底面とすると，OIが三角すいの高さとなるので，△MBC×OI×$\frac{1}{3}$＝$24\sqrt{7}$(cm³)と表せる。
$(\frac{1}{2}\times12\times8)\times$OI$\times\frac{1}{3}=24\sqrt{7}$　よって，OI＝$\frac{\mathbf{3\sqrt{7}}}{\mathbf{2}}$**(cm)**

5 (1)　長方形の横を30%短くすると，40×(1－0.3)＝28(cm)　正方形の1辺の長さは28cmなので，縦の長さは，28÷20＝1.4(倍)になる。よって，**40(%)**

(2)　長方形の横と縦をそれぞれacmずつ短くしたとする。
$(20-a)(40-a)=20\times40\times\frac{48}{100}$　$800-60a+a^2=384$
$a^2-60a+416=0$　$(a-8)(a-52)=0$
0＜a＜20より，a＝8　よって，**8(cm)**

(3)　x%短くしたときの横の長さは，$40-40\times\frac{x}{100}=40-\frac{2}{5}x$…①
また，x%長くしたときの縦の長さは，$20+20\times\frac{x}{100}=20+\frac{x}{5}$…②
周の長さがもとの長方形より2cm短くなったので，周の長さは，
(20＋40)×2－2＝118(cm)　①，②を用いて式で表すと，
$2\{(40-\frac{2}{5}x)+(20+\frac{x}{5})\}=118$　整理して，$60-\frac{x}{5}=59$　$\frac{x}{5}=1$
よって，$\mathbf{x=5}$

解答用紙

解答用紙はキリトリ線に沿って、切り取ってお使いください。

キリトリ線

平成31年度入学者選抜学力検査解答用紙　数学

第1面

※100点満点

氏名を記入しなさい。

氏名	

受検番号を記入し，受検番号と一致したマーク部分を塗りつぶしなさい。

受検番号				
万位	千位	百位	十位	一位
⓪	⓪	⓪	⓪	⓪
①	①	①	①	①
②	②	②	②	②
③	③	③	③	③
④	④	④	④	④
⑤	⑤	⑤	⑤	⑤
⑥	⑥	⑥	⑥	⑥
⑦	⑦	⑦	⑦	⑦
⑧	⑧	⑧	⑧	⑧
⑨	⑨	⑨	⑨	⑨

注意事項

1　解答には，必ず**HBの黒鉛筆を**使用し，「マーク部分塗りつぶしの見本」のとおりに◯を塗りつぶすこと。
2　解答を訂正するときは，きれいに消して，消しくずを残さないこと。
3　求めた値に該当する符号や数値の箇所のマーク部分を塗りつぶすこと。具体的な解答方法は，問題用紙の注意事項を確認すること。
4　指定された欄以外を塗りつぶしたり，文字を記入したりしないこと。
5　汚したり，折り曲げたりしないこと。

マーク部分塗りつぶしの見本					
良い例	悪い例				
●	レ点	棒	薄い	はみ出し	丸囲み

解答欄

1	(1)	ア	㊀	⓪	①	②	③	④	⑤	⑥	⑦	⑧	⑨
		イ	㊀	⓪	①	②	③	④	⑤	⑥	⑦	⑧	⑨
		ウ	㊀	⓪	①	②	③	④	⑤	⑥	⑦	⑧	⑨
		エ	㊀	⓪	①	②	③	④	⑤	⑥	⑦	⑧	⑨
	(2)	オ	㊀	⓪	①	②	③	④	⑤	⑥	⑦	⑧	⑨
	(3)	カ	㊀	⓪	①	②	③	④	⑤	⑥	⑦	⑧	⑨
		キ	㊀	⓪	①	②	③	④	⑤	⑥	⑦	⑧	⑨
		ク	㊀	⓪	①	②	③	④	⑤	⑥	⑦	⑧	⑨
		ケ	㊀	⓪	①	②	③	④	⑤	⑥	⑦	⑧	⑨
	(4)	コ	㊀	⓪	①	②	③	④	⑤	⑥	⑦	⑧	⑨
		サ	㊀	⓪	①	②	③	④	⑤	⑥	⑦	⑧	⑨
		シ	㊀	⓪	①	②	③	④	⑤	⑥	⑦	⑧	⑨
	(5)	ス	㊀	⓪	①	②	③	④	⑤	⑥	⑦	⑧	⑨
		セ	㊀	⓪	①	②	③	④	⑤	⑥	⑦	⑧	⑨
		ソ	㊀	⓪	①	②	③	④	⑤	⑥	⑦	⑧	⑨
	(6)	タ	㊀	⓪	①	②	③	④	⑤	⑥	⑦	⑧	⑨
		チ	㊀	⓪	①	②	③	④	⑤	⑥	⑦	⑧	⑨
		ツ	㊀	⓪	①	②	③	④	⑤	⑥	⑦	⑧	⑨
	(7)	テ	㊀	⓪	①	②	③	④	⑤	⑥	⑦	⑧	⑨
		ト	㊀	⓪	①	②	③	④	⑤	⑥	⑦	⑧	⑨
	(8)	ナ	㊀	⓪	①	②	③	④	⑤	⑥	⑦	⑧	⑨
		ニ	㊀	⓪	①	②	③	④	⑤	⑥	⑦	⑧	⑨

1 (1)～(5)・(7)・(8)…5点×7　(6)(タ)(チ)…3点　(ツ)…2点

解答欄は，第2面に続きます。

解 答 欄

2	(1)	ア	⊖	⓪	①	②	③	④	⑤	⑥	⑦	⑧	⑨
		イ	⊖	⓪	①	②	③	④	⑤	⑥	⑦	⑧	⑨
		ウ	⊖	⓪	①	②	③	④	⑤	⑥	⑦	⑧	⑨
		エ	⊖	⓪	①	②	③	④	⑤	⑥	⑦	⑧	⑨
		オ	⊖	⓪	①	②	③	④	⑤	⑥	⑦	⑧	⑨
	(2)	カ	⊖	⓪	①	②	③	④	⑤	⑥	⑦	⑧	⑨
		キ	⊖	⓪	①	②	③	④	⑤	⑥	⑦	⑧	⑨
		ク	⊖	⓪	①	②	③	④	⑤	⑥	⑦	⑧	⑨
		ケ	⊖	⓪	①	②	③	④	⑤	⑥	⑦	⑧	⑨
		コ	⊖	⓪	①	②	③	④	⑤	⑥	⑦	⑧	⑨
		サ	⊖	⓪	①	②	③	④	⑤	⑥	⑦	⑧	⑨

3	(1)	ア	⊖	⓪	①	②	③	④	⑤	⑥	⑦	⑧	⑨
	(2)	イ	⊖	⓪	①	②	③	④	⑤	⑥	⑦	⑧	⑨
		ウ	⊖	⓪	①	②	③	④	⑤	⑥	⑦	⑧	⑨
	(3)	エ	⊖	⓪	①	②	③	④	⑤	⑥	⑦	⑧	⑨
		オ	⊖	⓪	①	②	③	④	⑤	⑥	⑦	⑧	⑨
		カ	⊖	⓪	①	②	③	④	⑤	⑥	⑦	⑧	⑨
		キ	⊖	⓪	①	②	③	④	⑤	⑥	⑦	⑧	⑨
		ク	⊖	⓪	①	②	③	④	⑤	⑥	⑦	⑧	⑨
	(4)(i)	ケ	⊖	⓪	①	②	③	④	⑤	⑥	⑦	⑧	⑨
		コ	⊖	⓪	①	②	③	④	⑤	⑥	⑦	⑧	⑨
	(4)(ii)	サ	⊖	⓪	①	②	③	④	⑤	⑥	⑦	⑧	⑨
		シ	⊖	⓪	①	②	③	④	⑤	⑥	⑦	⑧	⑨

4	(1)	ア	⊖	⓪	①	②	③	④	⑤	⑥	⑦	⑧	⑨
		イ	⊖	⓪	①	②	③	④	⑤	⑥	⑦	⑧	⑨
	(2)	ウ	⊖	⓪	①	②	③	④	⑤	⑥	⑦	⑧	⑨
		エ	⊖	⓪	①	②	③	④	⑤	⑥	⑦	⑧	⑨
	(3)	オ	⊖	⓪	①	②	③	④	⑤	⑥	⑦	⑧	⑨
	(4)	カ	⊖	⓪	①	②	③	④	⑤	⑥	⑦	⑧	⑨
		キ	⊖	⓪	①	②	③	④	⑤	⑥	⑦	⑧	⑨
		ク	⊖	⓪	①	②	③	④	⑤	⑥	⑦	⑧	⑨
	(5)	ケ	⊖	⓪	①	②	③	④	⑤	⑥	⑦	⑧	⑨

2 (1)(ア)(イ)…5点　(ウ)～(オ)…5点　(2)(カ)～(ケ)…5点　(コ)(サ)…5点
3 (1)…3点　(2)(イ)…2点　(ウ)…2点　(3)…4点　(4)(i)…4点　(ii)…5点
4 (1)～(5)…4点×5

キリトリ線

キリトリ線

平成30年度入学者選抜学力検査解答用紙　数学

第１面

※100点満点

氏名を記入しなさい。

氏名	

受検番号を記入し，受検番号と一致したマーク部分を塗りつぶしなさい。

受検番号				
万位	千位	百位	十位	一位
⓪	⓪	⓪	⓪	⓪
①	①	①	①	①
②	②	②	②	②
③	③	③	③	③
④	④	④	④	④
⑤	⑤	⑤	⑤	⑤
⑥	⑥	⑥	⑥	⑥
⑦	⑦	⑦	⑦	⑦
⑧	⑧	⑧	⑧	⑧
⑨	⑨	⑨	⑨	⑨

注意事項

1　解答には，必ず**HBの黒鉛筆**を使用し，「マーク部分塗りつぶしの見本」のとおりに◯を塗りつぶすこと。

2　解答を訂正するときは，きれいに消して，消しくずを残さないこと。

3　求めた値に該当する符号や数値の箇所のマーク部分を塗りつぶすこと。具体的な解答方法は，問題用紙の注意事項を確認すること。

4　指定された欄以外を塗りつぶしたり，文字を記入したりしないこと。

5　汚したり，折り曲げたりしないこと。

マーク部分塗りつぶしの見本					
良い例	悪い例				
●	レ点	棒	薄い	はみ出し	丸囲み

解　答　欄

1	(1)	ア	⊖	⓪	①	②	③	④	⑤	⑥	⑦	⑧	⑨
		イ	⊖	⓪	①	②	③	④	⑤	⑥	⑦	⑧	⑨
	(2)	ウ	⊖	⓪	①	②	③	④	⑤	⑥	⑦	⑧	⑨
		エ	⊖	⓪	①	②	③	④	⑤	⑥	⑦	⑧	⑨
		オ	⊖	⓪	①	②	③	④	⑤	⑥	⑦	⑧	⑨
	(3)	カ	⊖	⓪	①	②	③	④	⑤	⑥	⑦	⑧	⑨
	(4)	キ	⊖	⓪	①	②	③	④	⑤	⑥	⑦	⑧	⑨
		ク	⊖	⓪	①	②	③	④	⑤	⑥	⑦	⑧	⑨
		ケ	⊖	⓪	①	②	③	④	⑤	⑥	⑦	⑧	⑨
	(5)	コ	⊖	⓪	①	②	③	④	⑤	⑥	⑦	⑧	⑨
		サ	⊖	⓪	①	②	③	④	⑤	⑥	⑦	⑧	⑨
		シ	⊖	⓪	①	②	③	④	⑤	⑥	⑦	⑧	⑨
	(6)	ス	⊖	⓪	①	②	③	④	⑤	⑥	⑦	⑧	⑨
		セ	⊖	⓪	①	②	③	④	⑤	⑥	⑦	⑧	⑨
		ソ	⊖	⓪	①	②	③	④	⑤	⑥	⑦	⑧	⑨
	(7)	タ	⊖	⓪	①	②	③	④	⑤	⑥	⑦	⑧	⑨
		チ	⊖	⓪	①	②	③	④	⑤	⑥	⑦	⑧	⑨
		ツ	⊖	⓪	①	②	③	④	⑤	⑥	⑦	⑧	⑨
		テ	⊖	⓪	①	②	③	④	⑤	⑥	⑦	⑧	⑨
	(8)	ト	⊖	⓪	①	②	③	④	⑤	⑥	⑦	⑧	⑨
		ナ	⊖	⓪	①	②	③	④	⑤	⑥	⑦	⑧	⑨
	(9)	ニ	⊖	⓪	①	②	③	④	⑤	⑥	⑦	⑧	⑨
		ヌ	⊖	⓪	①	②	③	④	⑤	⑥	⑦	⑧	⑨
	(10)	ネ	⊖	⓪	①	②	③	④	⑤	⑥	⑦	⑧	⑨
		ノ	⊖	⓪	①	②	③	④	⑤	⑥	⑦	⑧	⑨

1　(5)(コ) ２点　(サ)(シ) ２点
(7)(タ) ２点　(チ)(ツ)(テ) ２点
他　４点×８

解答欄は，第２面に続きます。

解 答 欄

2													
(1)	ア	⊖	0	1	2	3	4	5	6	7	8	9
	イ	⊖	0	1	2	3	4	5	6	7	8	9
	ウ	⊖	0	1	2	3	4	5	6	7	8	9
	エ	⊖	0	1	2	3	4	5	6	7	8	9
	オ	⊖	0	1	2	3	4	5	6	7	8	9
	カ	⊖	0	1	2	3	4	5	6	7	8	9
	キ	⊖	0	1	2	3	4	5	6	7	8	9
(2)	ク	⊖	0	1	2	3	4	5	6	7	8	9
	ケ	⊖	0	1	2	3	4	5	6	7	8	9
	コ	⊖	0	1	2	3	4	5	6	7	8	9
	サ	⊖	0	1	2	3	4	5	6	7	8	9

3												
(1)	ア	a	b	c	d	e	f	g	h	i	j	k
	イ	a	b	c	d	e	f	g	h	i	j	k
	ウ	a	b	c	d	e	f	g	h	i	j	k
	エ	a	b	c	d	e	f	g	h	i	j	k
	オ	a	b	c	d	e	f	g	h	i	j	k
(2)	カ	⊖	0	1	2	3	4	5	6	7	8	9
	キ	⊖	0	1	2	3	4	5	6	7	8	9
	ク	⊖	0	1	2	3	4	5	6	7	8	9
	ケ	⊖	0	1	2	3	4	5	6	7	8	9
	コ	⊖	0	1	2	3	4	5	6	7	8	9
	サ	⊖	0	1	2	3	4	5	6	7	8	9
	シ	⊖	0	1	2	3	4	5	6	7	8	9
	ス	⊖	0	1	2	3	4	5	6	7	8	9

4												
(1)	ア	⊖	0	1	2	3	4	5	6	7	8	9
	イ	⊖	0	1	2	3	4	5	6	7	8	9
	ウ	⊖	0	1	2	3	4	5	6	7	8	9
(2)	エ	⊖	0	1	2	3	4	5	6	7	8	9
	オ	⊖	0	1	2	3	4	5	6	7	8	9
	カ	⊖	0	1	2	3	4	5	6	7	8	9
(3)	キ	⊖	0	1	2	3	4	5	6	7	8	9
	ク	⊖	0	1	2	3	4	5	6	7	8	9
	ケ	⊖	0	1	2	3	4	5	6	7	8	9
	コ	⊖	0	1	2	3	4	5	6	7	8	9
(4)	サ	⊖	0	1	2	3	4	5	6	7	8	9
	シ	⊖	0	1	2	3	4	5	6	7	8	9
(5)	ス	⊖	0	1	2	3	4	5	6	7	8	9
	セ	⊖	0	1	2	3	4	5	6	7	8	9

2 (1)(ア)(イ)(ウ) 4点　(エ)(オ) 4点　(カ)(キ) 4点
(2)(ク)(ケ) 4点　(コ)(サ) 4点

3 (1) 5点
(2)(カ)(キ) 5点　(ク)(ケ)(コ) 5点　(サ)(シ)(ス) 5点

4 4点×5

キリトリ線

平成29年度入学者選抜学力検査解答用紙　数学

第１面

※100点満点

氏名を記入しなさい。

氏名	

受検番号を記入し，受検番号と一致したマーク部分を塗りつぶしなさい。

受検番号欄				
万位	千位	百位	十位	一位
⓪	⓪	⓪	⓪	⓪
①	①	①	①	①
②	②	②	②	②
③	③	③	③	③
④	④	④	④	④
⑤	⑤	⑤	⑤	⑤
⑥	⑥	⑥	⑥	⑥
⑦	⑦	⑦	⑦	⑦
⑧	⑧	⑧	⑧	⑧
⑨	⑨	⑨	⑨	⑨

注意事項

1　解答には，必ず**HBの黒鉛筆**を使用し，「マーク部分塗りつぶしの見本」を参考に◯を塗りつぶすこと。
2　解答を訂正するときは，きれいに消して，消しくずを残さないこと。
3　求めた値に該当する符号や数値の箇所のマーク部分を塗りつぶすこと。具体的な解答方法は，問題用紙の注意事項を確認すること。
4　指定された欄以外を塗りつぶしたり，文字を記入したりしないこと。
5　汚したり，折り曲げたりしないこと。

マーク部分塗りつぶしの見本					
良い例	悪い例				
●	レ点	棒	薄い	はみ出し	丸囲み

解答欄

1	(1)	ア	⊖	⓪	①	②	③	④	⑤	⑥	⑦	⑧	⑨
		イ	⊖	⓪	①	②	③	④	⑤	⑥	⑦	⑧	⑨
	(2)	ウ	⊖	⓪	①	②	③	④	⑤	⑥	⑦	⑧	⑨
		エ	⊖	⓪	①	②	③	④	⑤	⑥	⑦	⑧	⑨
	(3)	オ	⊖	⓪	①	②	③	④	⑤	⑥	⑦	⑧	⑨
		カ	⊖	⓪	①	②	③	④	⑤	⑥	⑦	⑧	⑨
		キ	⊖	⓪	①	②	③	④	⑤	⑥	⑦	⑧	⑨
	(4)	ク	⊖	⓪	①	②	③	④	⑤	⑥	⑦	⑧	⑨
		ケ	⊖	⓪	①	②	③	④	⑤	⑥	⑦	⑧	⑨
		コ	⊖	⓪	①	②	③	④	⑤	⑥	⑦	⑧	⑨
		サ	⊖	⓪	①	②	③	④	⑤	⑥	⑦	⑧	⑨
	(5)	シ	⊖	⓪	①	②	③	④	⑤	⑥	⑦	⑧	⑨
		ス	⊖	⓪	①	②	③	④	⑤	⑥	⑦	⑧	⑨
	(6)	セ	⊖	⓪	①	②	③	④	⑤	⑥	⑦	⑧	⑨
		ソ	⊖	⓪	①	②	③	④	⑤	⑥	⑦	⑧	⑨
	(7)	タ	⊖	⓪	①	②	③	④	⑤	⑥	⑦	⑧	⑨
		チ	⊖	⓪	①	②	③	④	⑤	⑥	⑦	⑧	⑨
		ツ	⊖	⓪	①	②	③	④	⑤	⑥	⑦	⑧	⑨
	(8)	テ	⊖	⓪	①	②	③	④	⑤	⑥	⑦	⑧	⑨
		ト	⊖	⓪	①	②	③	④	⑤	⑥	⑦	⑧	⑨
	(9)	ナ	⊖	⓪	①	②	③	④	⑤	⑥	⑦	⑧	⑨
		ニ	⊖	⓪	①	②	③	④	⑤	⑥	⑦	⑧	⑨
	(10)	ヌ	⊖	⓪	①	②	③	④	⑤	⑥	⑦	⑧	⑨
		ネ	⊖	⓪	①	②	③	④	⑤	⑥	⑦	⑧	⑨

1　(8)(テ) ２点　(ト) ３点
他　５点×９

解答欄は，第２面に続きます。

解 答 欄

2	(1)	ア	⊖	0	1	2	3	4	5	6	7	8	9
	(2)	イ	⊖	0	1	2	3	4	5	6	7	8	9
		ウ	⊖	0	1	2	3	4	5	6	7	8	9
		エ	⊖	0	1	2	3	4	5	6	7	8	9
	(3)	オ	⊖	0	1	2	3	4	5	6	7	8	9
		カ	⊖	0	1	2	3	4	5	6	7	8	9
		キ	⊖	0	1	2	3	4	5	6	7	8	9
		ク	⊖	0	1	2	3	4	5	6	7	8	9

3	(1)	ア	⊖	0	1	2	3	4	5	6	7	8	9
		イ	⊖	0	1	2	3	4	5	6	7	8	9
		ウ	⊖	0	1	2	3	4	5	6	7	8	9
		エ	⊖	0	1	2	3	4	5	6	7	8	9
	(2)	オ	⊖	0	1	2	3	4	5	6	7	8	9
		カ	⊖	0	1	2	3	4	5	6	7	8	9
	(3)	キ	⊖	0	1	2	3	4	5	6	7	8	9
		ク	⊖	0	1	2	3	4	5	6	7	8	9
		ケ	⊖	0	1	2	3	4	5	6	7	8	9
		コ	⊖	0	1	2	3	4	5	6	7	8	9
		サ	⊖	0	1	2	3	4	5	6	7	8	9
		シ	⊖	0	1	2	3	4	5	6	7	8	9
		ス	⊖	0	1	2	3	4	5	6	7	8	9

4	(1)	ア	⊖	0	1	2	3	4	5	6	7	8	9
		イ	⊖	0	1	2	3	4	5	6	7	8	9
	(2)	ウ	⊖	0	1	2	3	4	5	6	7	8	9
		エ	⊖	0	1	2	3	4	5	6	7	8	9
	(3)	オ		a	b	c	d	e	f	g	h	i	j
	(4)	カ	⊖	0	1	2	3	4	5	6	7	8	9
	(5)	キ	⊖	0	1	2	3	4	5	6	7	8	9
		ク	⊖	0	1	2	3	4	5	6	7	8	9

2　５点×３
3　(1)５点　(2)４点　(3)３点×２
4　４点×５

キリトリ線

キ リ ト リ 線

平成28年度入学者選抜学力検査解答用紙　数学

氏名	

※100点満点

マーク上の注意事項

1. HB の黒鉛筆を使って，⬭の中を正確に塗りつぶすこと。
   それ以外の筆記用具でのマークは，解答が無効になる場合があります。
2. 答えを直すときは，きれいに消して，消しくずを残さないこと。
3. 決められた欄以外にマークしたり，記入したりしないこと。
4. 求めた値に負の符号(−)がつく場合には，⊖マークを塗りつぶすこと。
5. 求めた値に該当する数値の箇所をマークすること。
   特に分数の場合は分母と分子の順番に注意すること。
6. 汚したり折り曲げたりしてはいけません。

良い例	悪い例				
●	レ点	棒	薄い	はみ出し	丸囲み

配点

1 (8)ト〜ニ２点　ヌ〜ノ３点
　他５点×９

2 (1)アイ３点　ウ〜キ３点
　(2)クケ３点　コサ３点　シス３点

3 ５点×３

4 (1)５点　(2)４点
　(3)クケ４点　コ３点　サシ４点

1	(1)	ア	⊖	⓪	①	②	③	④	⑤	⑥	⑦	⑧	⑨
		イ	⊖	⓪	①	②	③	④	⑤	⑥	⑦	⑧	⑨
		ウ	⊖	⓪	①	②	③	④	⑤	⑥	⑦	⑧	⑨
	(2)	エ	⊖	⓪	①	②	③	④	⑤	⑥	⑦	⑧	⑨
		オ	⊖	⓪	①	②	③	④	⑤	⑥	⑦	⑧	⑨
		カ	⊖	⓪	①	②	③	④	⑤	⑥	⑦	⑧	⑨
	(3)	キ	⊖	⓪	①	②	③	④	⑤	⑥	⑦	⑧	⑨
		ク	⊖	⓪	①	②	③	④	⑤	⑥	⑦	⑧	⑨
		ケ	⊖	⓪	①	②	③	④	⑤	⑥	⑦	⑧	⑨
	(4)	コ	⊖	⓪	①	②	③	④	⑤	⑥	⑦	⑧	⑨
		サ	⊖	⓪	①	②	③	④	⑤	⑥	⑦	⑧	⑨
	(5)	シ	⊖	⓪	①	②	③	④	⑤	⑥	⑦	⑧	⑨
		ス	⊖	⓪	①	②	③	④	⑤	⑥	⑦	⑧	⑨
		セ	⊖	⓪	①	②	③	④	⑤	⑥	⑦	⑧	⑨
	(6)	ソ	⊖	⓪	①	②	③	④	⑤	⑥	⑦	⑧	⑨
		タ	⊖	⓪	①	②	③	④	⑤	⑥	⑦	⑧	⑨
	(7)	チ	⊖	⓪	①	②	③	④	⑤	⑥	⑦	⑧	⑨
		ツ	⊖	⓪	①	②	③	④	⑤	⑥	⑦	⑧	⑨
		テ	⊖	⓪	①	②	③	④	⑤	⑥	⑦	⑧	⑨
	(8)	ト	⊖	⓪	①	②	③	④	⑤	⑥	⑦	⑧	⑨
		ナ	⊖	⓪	①	②	③	④	⑤	⑥	⑦	⑧	⑨
		ニ	⊖	⓪	①	②	③	④	⑤	⑥	⑦	⑧	⑨
		ヌ	⊖	⓪	①	②	③	④	⑤	⑥	⑦	⑧	⑨
		ネ	⊖	⓪	①	②	③	④	⑤	⑥	⑦	⑧	⑨
		ノ	⊖	⓪	①	②	③	④	⑤	⑥	⑦	⑧	⑨
	(9)	ハ	⊖	⓪	①	②	③	④	⑤	⑥	⑦	⑧	⑨
		ヒ	⊖	⓪	①	②	③	④	⑤	⑥	⑦	⑧	⑨
	(10)	フ	⊖	⓪	①	②	③	④	⑤	⑥	⑦	⑧	⑨
		ヘ	⊖	⓪	①	②	③	④	⑤	⑥	⑦	⑧	⑨

2	(1)	ア	⊖	⓪	①	②	③	④	⑤	⑥	⑦	⑧	⑨
		イ	⊖	⓪	①	②	③	④	⑤	⑥	⑦	⑧	⑨
		ウ	⊖	⓪	①	②	③	④	⑤	⑥	⑦	⑧	⑨
		エ	⊖	⓪	①	②	③	④	⑤	⑥	⑦	⑧	⑨
		オ	⊖	⓪	①	②	③	④	⑤	⑥	⑦	⑧	⑨
		カ	⊖	⓪	①	②	③	④	⑤	⑥	⑦	⑧	⑨
		キ	⊖	⓪	①	②	③	④	⑤	⑥	⑦	⑧	⑨
	(2)	ク	⊖	⓪	①	②	③	④	⑤	⑥	⑦	⑧	⑨
		ケ	⊖	⓪	①	②	③	④	⑤	⑥	⑦	⑧	⑨
		コ	⊖	⓪	①	②	③	④	⑤	⑥	⑦	⑧	⑨
		サ	⊖	⓪	①	②	③	④	⑤	⑥	⑦	⑧	⑨
		シ	⊖	⓪	①	②	③	④	⑤	⑥	⑦	⑧	⑨
		ス	⊖	⓪	①	②	③	④	⑤	⑥	⑦	⑧	⑨

3	(1)	ア	⊖	⓪	①	②	③	④	⑤	⑥	⑦	⑧	⑨
		イ	⊖	⓪	①	②	③	④	⑤	⑥	⑦	⑧	⑨
	(2)	ウ	⊖	⓪	①	②	③	④	⑤	⑥	⑦	⑧	⑨
		エ	⊖	⓪	①	②	③	④	⑤	⑥	⑦	⑧	⑨
	(3)	オ	⊖	⓪	①	②	③	④	⑤	⑥	⑦	⑧	⑨
		カ	⊖	⓪	①	②	③	④	⑤	⑥	⑦	⑧	⑨

4	(1)	ア		ⓐ	ⓑ	ⓒ	ⓓ	ⓔ	ⓕ	ⓖ	ⓗ	ⓘ	
		イ		ⓐ	ⓑ	ⓒ	ⓓ	ⓔ	ⓕ	ⓖ	ⓗ	ⓘ	
		ウ		ⓐ	ⓑ	ⓒ	ⓓ	ⓔ	ⓕ	ⓖ	ⓗ	ⓘ	
		エ		ⓐ	ⓑ	ⓒ	ⓓ	ⓔ	ⓕ	ⓖ	ⓗ	ⓘ	
	(2)	オ	⊖	⓪	①	②	③	④	⑤	⑥	⑦	⑧	⑨
		カ	⊖	⓪	①	②	③	④	⑤	⑥	⑦	⑧	⑨
		キ	⊖	⓪	①	②	③	④	⑤	⑥	⑦	⑧	⑨
	(3)	ク	⊖	⓪	①	②	③	④	⑤	⑥	⑦	⑧	⑨
		ケ	⊖	⓪	①	②	③	④	⑤	⑥	⑦	⑧	⑨
		コ	⊖	⓪	①	②	③	④	⑤	⑥	⑦	⑧	⑨
		サ	⊖	⓪	①	②	③	④	⑤	⑥	⑦	⑧	⑨
		シ	⊖	⓪	①	②	③	④	⑤	⑥	⑦	⑧	⑨

受検地		受検番号	
氏名			

平成27年度入学者選抜学力検査解答用紙

数学

総得点	
	※100点満点

各5点

問題番号		答え		得点	
1	(1)				
	(2)				
	(3)				
	(4)				
	(5)	$a =$			
	(6)	$b =$			
	(7)				
	(8)	(ア)		完答	
		(イ)			
	(9)		cm^3		
2	(1)		cm^2		
	(2)		cm^3		

問題番号		答え		得点	
3	(1)		cm		
	(2)	縦	cm	完答	
		横	cm		
	(3)		cm		
4	(1)	$a =$			
	(2)	$y =$			
	(3)	(,)			
5	(1)	a		完答	
		b			
		c			
		d			
	(2)		度		
	(3)		倍		

キリトリ線

受検地		受検番号	
氏名			

平成 26 年度入学者選抜学力検査解答用紙

総得点	
	※100点満点

数　　学

問題番号		答え	得点	
1	(1)			
	(2)			
	(3)	$x =$		
	(4)			
	(5)	$\leqq y \leqq$		
	(6)			
	(7)	冊		
	(8)	度		
	(9)	cm		
2	(1)	$a =$		
	(2)	(,)		

問題番号		答え	得点	
3	(1)			
	(2)			
	(3)	$n =$		
4	(1)	回		
	(2)	km		
	(3)	分　秒		
5	(1)	cm		
	(2)	cm^2		
	(3)	cm^3		

各 5 点

キリトリ線

受検地		受検番号	
氏名			

平成25年度入学者選抜学力検査解答用紙

数　　学

総得点	
	※100点満点

問題番号			答え	得点	
1	(1)				
	(2)				
	(3)	$x =$			
	(4)	ア		完答	
		イ			
		ウ	部		
	(5)				
	(6)	$a =$			
	(7)		cm^3		
	(8)		度		
	(9)		cm		
2	(1)		m		
	(2)		m		

問題番号			答え	得点	
3	(1)				
	(2)		cm^3		
	(3)		分後		
4	(1)		通り		
	(2)	B	個	完答	
		C	個		
	(3)		台		
5	(1)	a		完答	
		b			
		c			
	(2)	(i)	cm		
		(ii)	cm^2		

各5点

キリトリ線

受検地		受検番号	
氏名			

平成24年度入学者選抜学力検査解答用紙

数学

総得点	
	※100点満点

問題番号		答え	得点	
1	(1)			
	(2)	$a =$		
	(3)			
	(4)			
	(5)	$a =$		
	(6)	度		
	(7)	cm		
	(8)			
	(9)			
2	(1)			
	(2)			

問題番号			答え	得点	
3	(1)		cm		
	(2)		cm		
	(3)		cm		
4	(1)		(,)		
	(2)		$a =$		
	(3)		$y =$		
5	(1)	a			
		b			
		c			
		d			
		e			
	(2)		cm^2		
	(3)		cm		

5 (1)[a b c]3点 [d e]2点 ※各完答 他. 5点×19

キリトリ線

受検地		受検番号	
氏名			

平成23年度入学者選抜学力検査解答用紙

数　学

総得点	
	※100点満点

問題番号		答え	得点	
1	(1)			
	(2)			
	(3)			
	(4)	$x =$		
	(5)	$y =$		
	(6)	$a =$		
	(7)			
	(8)	cm^2		
	(9)	cm		
2	(1)	台		
	(2)	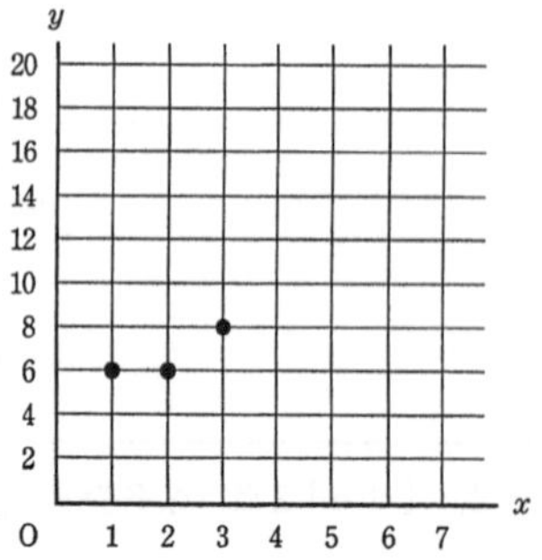		

問題番号		答え		得点	
3	(1)	秒速　m			
	(2)	秒			
		m			
	(3)	秒			
4	(1)	cm			
		秒速　cm			
	(2)				
	(3)	秒			
5	(1)	a		完答	
		b			
		c			
		d			
	(2)	(i)			
		(ii)	cm		

3 (2)[時間]３点　[距離]２点　4 (1)[長さ]３点　[速さ]２点　他．５点×18

キリトリ線

受検地		受検番号	
氏　名			

キリトリ線

平成22年度入学者選抜学力検査解答用紙

数　　学

総　得　点	
	※100点満点

問題番号			答　え	得　点	
1	(1)				
	(2)				
	(3)				
	(4)		$x=$　　　, $y=$		
	(5)				
	(6)		$a=$　　　, $b=$		
	(7)		通り		
	(8)		度		
	(9)		cm		
2	(1)		肉　　カロリー	完答	
			ご飯　　カロリー		
	(2)	(ア)		完答	
		(イ)			
		(ウ)			

問題番号			答　え	得　点	
3	(1)		(　　,　　)		
	(2)	ア		完答	
		イ			
		ウ			
		エ			
		オ			
	(3)		$y=$		
4	(1)			完答	
	(2)	(i)	cm^3		
		(ii)	cm		
5	(1)		%		
	(2)		cm		
	(3)		$x=$		

各5点

— MEMO —

— MEMO —

— MEMO —

国立高等専門学校　数学　もっと過去問　10年分
入試問題集　2025年春受験用

2024年6月発行

発　行　所　　株式会社　教英出版
〒422-8054　静岡県静岡市駿河区南安倍3丁目12-28
電話（054）288－2131

印刷・製本　　株式会社　三　　創

ISBN978-4-290-16829-9

C6341 ¥1050E

定価：1,155円
(本体1,050円＋税)

国立高等専門学校

ご注意

◎収録年度にご注意ください。

収録していません					収録			
2024 R6年度	'23 R5	'22 R4	'21 R3	'20 R2	2019 H31年度	'18 H30	'17 H29	'1 H
国立高等専門学校 2025年春受験用 入学試験問題集 過去5年分 最新年度版 5教科(別売)					2019年~2010年 もっと過去問!シリーズ			

◎国立高等専門学校の入試問題は、全国全校共通です。

◎公表されていない資料（一部の試験問題・解答用紙・配点など）につきましては、収録・掲載しておりません。

URL:https://kyoei-syuppan.net/

本紙は環境にやさしい
植物油インキで印刷しています。